Originalausgabe
März **2019**

NOEL-VERLAG
Achstraße 28
D-82386 Oberhausen/Oberbayern
www.noel-verlag.de
info@noel-verlag.de

Die Deutsche Bibliothek verzeichnet diese Publikation in der Deutschen Nationalbibliografie, Frankfurt; ebenso in der Bayerischen Staatsbibliothek in München.

Autorin: Heike B. Tschirner
Buchumschlaggestaltung: Heike Georgi

1. Auflage
Printed in Germany
ISBN 978-3-95493-377-8

Inhaltsverzeichnis

Mein Name ist

Heike B. Tschirner

Ich lebe derzeit, bis ggfs. bald wieder ein älterer Tierschutzhund bei mir einziehen darf, mit den Meerschweinchen in Pulheim bei Köln.

Ich engagiere mich aktiv im Tierschutz und führe seit 15 Jahren eine Meerschweinchen-Notstation.

Diese ist vom zuständigen Veterinäramt genehmigt mit der Aufgabe der Aufnahme, Beratung und Vermittlung mehrerer Gnadenhofrudel sowie der Urlaubs- und Krankenpflege. Ich gebe Seminare in Sachen Aufklärungsarbeit über Meerschweinchen: Haltung, Ernährung und Gesunderhaltung – ‚Meerschweinchen-Check-Seminare zur Früherkennung von Krankheiten' und wir (ganz allein mache ich dies nicht, ich habe ein tolles Team!) machen Öffentlichkeitsarbeit für die Meerschweinchen. Außerdem sind wir mit einigen der sehr handzahmen Gnadenhof-Meerschweinchen im ‚sozialen Einsatz' im Altenheim.

Vor vielen Jahren habe ich mich, damit kein Tier wegen mir getötet werden muss, für die vegane Ernährung entschieden.

Mein Beruf ist eher trockener Natur – kaufmännische Angestellte. Meine Berufung, die ich hier auf der Erde leben darf, sind die Tiere. Ich bin Tierkommunikatorin und stehe den Tierhaltern und deren Tieren mit Rat und Tat zur Seite. Im Anhang finden Sie eine Auflistung der Bücher, die ich bereits über mein Thema ‚Tiere und Tierkommunikation' geschrieben habe. Darin erzähle ich von meinem Engagement für den Tierschutz und biete Tierkommunikations-Seminare an.

Das wirkliche Leben der Kleintiere
(in diesem Fall: Meerschweinchen)
hinter verschlossenen Türen

Eine Entwicklung, die wir uns so nicht vorstellen konnten, begann vor 15 Jahren, als Heike Tschirner mit dem aktiven Tierschutz – eine private Pflegestelle für Meerschweinchen – begann …
Viele Jahre kämpfte Heike Tschirner zuerst im Alleingang, bis Andrea im Jahr 2013 zu ihr stieß. Seither gehen die beiden durch dick und dünn, immer die Meerschweinchen und deren Schutz im Vordergrund.
Als vermeintlich anspruchslose und einfach zu haltende Tiere für Kinder findet man Meerschweinchen leider sehr oft in den Kinderzimmern in kleine Gitterkäfige gepfercht. Es sind kleine Tiere mit großen Bedürfnissen. Es sind Flucht- und Rudeltiere, die in Freiheit in Rudelverbänden, zumeist 1 Bock und mehrere Meerschweinchen-Mädchen zusammenleben. Deshalb ist eine Einzelhaltung Qual für das Meerschweinchen. Es sind sehr kommunikative Tiere, die immer mindestens zu zweit gehalten werden müssen, da sie sonst seelisch vereinsamen. Der Mensch ersetzt keinen Meerschweinchen-Partner.

In der Natur wären sie ¾ des Tages (tag- bis nachtaktiv) mit der Nahrungssuche beschäftigt, was wir ihnen zumeist nicht bieten können. Sie ernähren sich in der Natur von Wurzeln, Gräsern, Blüten, Blättern, Kräutern und leben in den kargen Höhenlandschaften der Anden (Südamerika-Peru). Sie sind außerdem sehr stress- und auch hitzeanfällig. Noch eine Besonderheit haben Meerschweinchen: Sie leben vegan und können, wie der Mensch selbst, kein Vitamin C bilden, es muss über die Nahrung zugeführt werden. In unseren Gefilden ist die richtige Ernährung nicht immer gewährleistet, da im Winter draußen nichts wächst, was die Meerschweinchen bräuchten. Aber auch der Faulheit der Menschen ist es oft zuzuschreiben, dass sie meistens nicht richtig ernährt werden.

Wie man Meerschweinchen richtig ernährt, sollte man VOR deren Anschaffung erlernen. Falsche Ernährung ist einem Todesurteil gleichzusetzen, denn viele sterben einen sehr qualvollen Tod durch Aufgasungen (Tympanie). Meerschweinchen haben einen Stopfdarm, das heißt: Es muss zu jeder Zeit frisches Heu in sehr guter Qualität zur Verfügung stehen, weil es das ‚Transportmittel' für den Magen-Darm-Trakt ist, und weil man darauf keinesfalls verzichten darf.

Die Industrie behauptet, Trockenfutter würde ausreichen.
NEIN – das ist ein Ammenmärchen! Getreide- und zuckerhaltiges, viel zu fettes Trockenfutter mit industriellen Nebenerzeugnissen und trockenes Brot, was kein ‚Schwein' braucht, sind FALSCH!
Diese Nahrung kann zur Verfettung der Leber führen, Nierenprobleme, Herzprobleme und Magen- Darmprobleme herbeiführen, die schlimmstenfalls bis hin zum Tod führen. Auch Salzlecksteine brauchen die Meeris nicht.
Mit eine der häufigsten Todesursachen sind Zahnfehlstellungen, Tumore, Aufgasungen und Parasitenbefall im Magen-Darm-Trakt durch z.B. Kokzidien. Die lebenslang nachwachsenden Nagerzähne benötigen ständig Rauhfutter (Heu), Äste (z.B. Apfelbaum, Haselnuss) und getrocknete Löwenzahnwurzeln, damit der Zahnabrieb gewährleistet ist. Aber auch sonst können Meerschweinchen fast alle Krankheiten bekommen, an denen auch der Mensch erkrankt.

Was brauchen die Meerschweinchen wirklich?

- Artgenossen, sie müssen, auch lt. Tierschutzgesetz – mindestens zu zweit gehalten werden. Die artgerechteste Konstellation ist ein Kastrat (ein kastriertes Böckchen, sodass nicht weitere Meerschweinchen produziert' werden) und zwei Meerschweinchen-Mädchen oder eben auch mehrere Meerschweinchen-Mädchen.
- Artgerechtes Futter: Frischfutter (kein: Kohl, Zwiebeln, Lauch, kein trockenes Brot, kein getreide- und zuckerhaltiges Trockenfutter, bunte Drops, Salzleckstein, kein Klee etc.), Grünes von der Wiese (Gras, Löwenzahn, Miere, Gänseblümchen, Sonnenblumen, Ringelblumen, Zitronenmelisse, Zweige und Blätter, wie später beschrieben etc.)
- Meerschweinchen sind sehr bewegungsaktive Tiere, deshalb brauchen sie Platz, je mehr desto besser. **Mindestens** 1,40 x 0,70 m (lt. Kleinsäugerhaltung §11 TierSchG) für zwei Meerschweinchen an Lauffläche zuzüglich Holzhäuser und Inventar aus benagbarem Holz (keine Plastikhäuser), für weitere Artgenossen ebenso mehr Platz! Am besten ein selbstgebautes Gehege ohne Gitterstäbe, denn wer will schon lebenslänglich hinter Knastgittern hocken? **Je größer desto besser!**

  Die Meerschweinchen fristen ein trostloses Leben in Mini-Gitterknästen, zumeist im Kinderzimmer. Wenn das Interesse der Kinder nachlässt, weil Meerschweinchen keine Kuscheltiere, sondern Beobachtungstiere sind, geraten sie in Vergessenheit. Das Saubermachen ist dann nur noch lästige Arbeit, geschweige denn, die Meerschweinchen gesund zu erhalten. Allergie ist ein häufiger Abgabegrund, ein Test zuvor wäre deshalb sehr ratsam.

Die Krankheitsanzeichen können von den meisten Besitzern nicht rechtzeitig erkannt werden, deshalb werden die Meerschweinchen zu spät zum Tierarzt oder zu uns gebracht.

Die Lösung:
Der wöchentliche ‚Meerschweinchen-Check' und die Führung eines Gesundheits-Check-Heftes (dies ist auch z.B. bei Kaninchen, Ratten und Mäusen anwendbar).

- Gesundheit: Der wöchentliche ‚Schweinchen-Check' – Gesundheitsscheck ist die ‚Lebensversicherung' der Meerschweinchen.

Nun kommen wir zu den gesundheitlichen Zuständen, in denen uns die Meerschweinchen gebracht werden oder wir sie ‚in undercover-Aktionen' aus Haushalten oder über Internet Kleinanzeigen rausholen.

Nur einige Beispiele

und davon gäbe es noch viel mehr:

Peggy Sue (1 ½ Jahr)
Als wir sie in einem Haushalt abholten, hatte sie eine Lungenentzündung (Röcheln, pumpende Atmung, Untertemperatur), sie wurde mit ihrer Partnerin in einem kleinen Käfig auf dem Balkon gehalten, ungeschützt der Witterung ausgesetzt.

Mona (1 Jahr)
Satinkrankheit (Qual-Zucht), Knochen lösten sich auf, sie musste innerhalb kürzester Zeit erlöst werden.

Nikita (1 ½ Jahr)
Mit bereits vier Würfen: Gebärmaschine, wurde zum ‚Hobby-Züchten' eingesetzt und kam in einem schlechten körperlichen Zustand (abgemagert, Becken war eingefallen) und fünf Babys bei uns an.

Josy (½ Jahr)
Herzfehler, vermutlich Inzucht oder krankheitsbedingte Übertragung von den Elterntieren.

Hazel (1 Jahr)
Zahnfehlstellung (Röntgenbild – die Zähne durchbohrten den Kiefer) – durch Inzucht oder Überzüchtung, wurde nur zwei Jahre alt und musste erlöst werden.

Naomi (1 Jahr)
Sie kam mit Herzaussetzern und Herzmuskelverdickung zu uns, ihr Gewicht betrug als ausgewachsenes Meerschweinchen nur 661 g.

Snowy (2 Jahre)
Er saß zwei Jahre in einem 1,00-m-Käfig mit zwei weiteren unkastrierten Böcken in einer dunklen Diele, ohne Tageslicht. Er ist taub und ist an E. Cuniculi erkrankt, außerdem kam er mit einer Lungenentzündung, Herzproblemen und Durchfall zu uns und wir mussten wochenlang um sein Leben kämpfen.
Die Encephalitozoonose (Sternguckerkrankheit) ist eine durch den Einzeller ‚Encephalitozoon cuniculi' hervorgerufene parasitäre Erkrankung, die in Europa vor allem Kaninchen befällt.

Mom Sally (5 Jahre)
Sie wurde uns von den Besitzern gebracht, weil das Partner-Meerschweinchen tot im Stall lag. Mom Sally kam in einem so desolaten und abgemagerten Zustand zu uns, dass auch die direkten tierärztlichen Untersuchungen (Sono: 3 Nierensteine, Eierstockzysten, Herzerkrankung, hochgradiger Kokzidienbefall, welcher schon die Magen-Darmflora lahmgelegt hatte) nicht mehr halfen. Ganze 11 Tage blieben uns noch, in der wir Tag und Nacht Mom Sally mit Päppelbrei und Medis versorgten, dann durften wir sie gehen lassen. Mom Sally war der Auslöser, dass die Öffentlichkeit von diesen Zuständen erfahren muss, um etwas zu ändern.

Das Jahr 2017 brachte uns fast zur Verzweiflung, denn es kamen nur noch so kranke Meerschweinchen zu uns, die entweder nach kurzer Zeit erlöst werden mussten oder so krank waren, dass sie in einem der mittlerweile 5 bestehenden Gnadenhof-Rudel einzogen, da sie einer besonderen gesundheitlichen Pflege mit Medizingaben und laufenden Tierarztbesuchen bedürfen.

Hier auch unser Ruf nach Hilfe für Patenschaften, wir bekommen dies finanziell nicht mehr gestemmt, wir bekommen keinerlei finanzielle Hilfe durch die Ämter!

Was passiert mit unserer Gesellschaft?

Verrohung, Gleichgültigkeit, Empathielosigkeit? Ein Leben zählt nichts mehr … es wird wie Dreck weggeworfen … wenn es nicht mehr gewollt ist. Sind wir die Spezie mit der höchsten Intelligenz? Wir zweifeln daran, sonst würden wir nicht so mit den Tieren, der Umwelt und der Erde umgehen … oder? Da ist auch jeder selbst gefragt, sein Leben zu überdenken.
Meerschweinchen – das Elend fängt an mit den ganzen ‚Möchte-gern-Züchtern', Zooläden, die ihre Meerschweinchen-Babys aus Vermehrerstationen bekommen, Baumärkten, die neben den Schrauben ‚Lebewesen' verkaufen. Bei jedem, aber wirklich bei jedem steht der Profit im Vordergrund, auch hier herrscht die ‚GEIZ-ist-GEIL-Philosophie'.

Verkauft für wenig Geld. Wenn die Tiere krank sind, lässt man sie eher sterben, als das Geld für den Tierarzt auszugeben. Und sind sie zu alt für den Verkauf, werden sie ggfs. noch zu Schlangenfutter.
Tiere sind doch kein ‚Verbrauchsmaterial', was man eben mal so beim Supermarkt aus dem Regal nimmt! Es sind Lebewesen mit Herz, Seele, Gefühlen, und jedes hat seinen ganz eigenen Charakter.
Aber die menschliche Wertung und Wertschätzung hat in unserer Gesellschaft auch etwas mit dem Preis zu tun. Meerschweinchen sind im Internet oder auch im Handel schon für 15 Euro zu erwerben. Leider bleibt das ganze Hintergrundwissen, welches man braucht, um den Tieren ein gesundes und artgerechtes Leben zu ermöglichen, auf der Strecke.
Im Jahr 2012 wurde das Buch: **‚Meerschweinchen … was uns glücklich macht'** veröffentlicht, in dem wir den ‚Meerschweinchen-Check' bereits beschrieben haben. Dieser hat sich aber in den letzten 6 Jahren weiterentwickelt.
2015 entschlossen wir uns, den ‚Meerschweinchen-Check' (wöchentlicher Gesundheits-Check) auch mit kostenlos angebotenen Seminaren anzubieten. Wir haben damit selbst seit Jahren sehr gute Erfahrungen

gemacht und konnten Krankheiten sehr viel früher erkennen und damit auch entsprechend behandeln. Somit können wir aktiv zum Schutze der Meerschweinchen beitragen.

Seit Anfang 2015 bieten wir kostenlos ‚Meerschweinchen-Check-lernen' in regelmäßigen Abständen für ALLE Meerschweinchen-Halter und die, die es werden wollen, an, damit vielen Meerschweinchen frühzeitig bei Erkrankungen geholfen werden kann. Wir erklären die häufigsten Krankheiten, Todesursachen – den Magen-Darm-Trakt – und geben praktische Tipps zur möglichen naturheilkundlichen Behandlung. Die Meerschweinchen haben dadurch eine viel längere Lebenserwartung und werden früher dem Tierarzt vorgestellt. Außerdem veranstalten wir jährlich einen ‚Tag der offenen Tür' und sind in der Öffentlichkeitsarbeit tätig, indem wir in Tierheimen zu Sommerfesten und Adventsbasaren Infostände machen. Wer uns einladen möchte, darf gerne anfragen.

Außerdem ‚verschärften' wir unseren Schutzvertrag/Vermittlungsbedingungen, indem wir persönliche Vorkontrollen (bevor das Meerschweinchen ins neue Zuhause zieht) und auch spätere persönliche Nachkontrollen machen, generell keine Gitterkäfighaltung akzeptieren und das Lernen des ‚Meerschweinchen-Checks' Pflicht ist. Außerdem führen wir immer ‚Vergesellschaftungen auf neutralem Boden' durch, damit die ‚Chemie' zwischen den Meerschweinchen auch stimmt. Wir begleiten die Meeri-Halter auch weiter, stehen jederzeit für Fragen und Hilfe zur Verfügung.

Denn … wir pflegen die Tiere nicht monatelang gesund, um sie dann wieder ihrem Schicksal zu überlassen.

Wir wünschen uns, dass alle Tierheime und Meerschweinchen-Notstationen das Lernen des ‚Meerschweinchen-Check's' im Schutzvertrag verankern und bei Adoptionen diesen zeigen, lehren und ihr Wissen weitergeben. Unser Zukunftswunsch ist, dass vor Anschaffung die entsprechende Sachkunde-Prüfung von dem Tierhalter gemacht werden muss, damit sie im Vorfeld wissen, worauf sie sich einlassen.

Wünschenswert wäre es auch, wenn die Zooläden und Baumärkte (am liebsten bitte gar keine Tiere mehr verkaufen!) ebenso Verantwortung tragen würden, indem sie alle Böckchen kastrieren lassen und auch entsprechende Schutzverträge aufsetzen. Dass alle Züchter, die Meerschweinchen züchten bzw. vermehren und verkaufen, einen entsprechenden Sachkundenachweis haben und vom Vet.-Amt genehmigt sind und das ab dem ersten Wurf! Dass die zur Verpaarung gedachten Meerschweinchen alle tierärztlich (großes Blutbild, Sono etc.) untersucht sind, damit sie keine Krankheiten (Satin, Leukose, Diabetes, Herzerkrankungen etc.) übertragen oder vererben.

Ob wir eine Gesetzesänderung noch erleben, in dem das Tier nicht mehr als ‚Sache' gilt? Dass keine lebenden Tiere in Baumärkten neben den Schrauben verkauft werden, dass es keine Qualzuchten mehr gibt, dass es keine Massenvermehrer mehr gibt und dass die Zooläden keine lebenden Tiere mehr verkaufen? Wir wissen es nicht, aber wir können unsere Hände nicht in den Schoß legen und haben überlegt, welche Möglichkeiten wir haben. Wenn Du Dich angesprochen fühlst, bitte nehme Kontakt mit uns auf, wir schulen Dich gerne und werden einen gemeinsamen Weg finden.

Tiere sind fühlende Lebewesen wie wir – sie haben ein Herz, sie haben Gefühle und jedes hat seinen ganz eigenen Charakter und sie haben ein RECHT auf ein artgerechtes Leben!

Wir hoffen mit unserem aktiven Tierschutz ‚Meerschweinchen-Notstation' Dein Herz getroffen zu haben und bitten um Verbreitung des ‚Meerschweinchen-Check's'.

Bei Fragen kannst Du Dich gerne an uns wenden.

Dieser Artikel wurde in der Parteizeitung: ‚Mensch, Umwelt, Tierschutz', Ausgabe: 02/2018 Nr. 56 veröffentlicht.

Warum möchte ich dieses Buch schreiben?

Generell möchte ich hier mit der allgemeinen Meinung, dass Meerschweinchen einfach zu haltende Haus- bzw. Kinder-Kuscheltiere sind, aufräumen.

Kinder können weder die Krankheitsanzeichen wahrnehmen, noch die verantwortungsvolle Ernährung und Pflege übernehmen.
Trauriger Alltag ist es, dass Meerschweinchen, wenn sie Glück haben, zu zweit, sonst allein, ein trostloses Leben in einem winzigen Gitter-Käfig (wer will schon sein Leben lang hinter Knastgittern hocken?) fristen, ohne Artgenossen und somit ohne Ansprache, lebendiges Kinderspielzeug, welche, wenn die Kinder an ihnen die Lust verlieren, dann vernachlässigt werden, irgendwann dann ‚plötzlich' tot im Käfig liegen. Und ihr Stillsitzen und Stillhalten auf dem Schoß ist eine Art Schockstarre, weil sie als Fluchttier Angst haben, Beute zu sein. Meerschweinchen sind Beobachtungstiere, einige werden mit der Zeit recht handzahm, andere wiederum nie.

Ich verzichte im Buch weitestgehend auf tierärztliche Fachausdrücke, damit es besser verständlich ist. Auch mag ich mich in dem ein oder anderen Kapitel wiederholen, aber dann halte ich dies für notwendig.

Unser großer Traum

Wir, die Meerschweinchen-Notstation – noch … ein kleines Team – suchen DICH! Wir leisten jeden Tag ehrenamtlich wertvolle Arbeit für die Meerschweinchen, bei uns ist jeder Tag ein sehr langer Tag, neben der geregelten Arbeit, ganz normal, der Verzicht von Urlaub ebenso. Da wir keine finanzielle Unterstützung, trotz offizieller Genehmigung vom Veterinär-Amt, bekommen, dürfen wir alles selbst finanziell stemmen, leider immer an der Grenze des Machbaren.

Um effizientere Aufklärungsarbeit zu betreiben und vor allen Dingen noch mehr Meerschweinchen helfen zu können, benötigen wir einen Gnadenhof (großer sanierter Resthof).
Dort könnten wir, in einem größeren Rahmen, ausgesetzten, kranken, alten und nicht mehr gewollten Meerschweinchen helfen. Und was für uns ganz wichtig ist, AUFKLÄRUNGSARBEIT leisten.
Wir möchten dazu auch einen Seminarraum haben, in dem wir die Theorie über die Tiere verbreiten und dann in der Praxis dies direkt bei uns auf dem Gnadenhof umsetzen können. (Theorie über Meeris, Praxis: Futter zubereiten, füttern, päppeln, misten, streicheln, Medikamente verabreichen etc.). Dies wäre wichtig für Kindergärten (all dies geschieht unter unserer Aufsicht und Anleitung, damit die Kinder lernen, dass sie die Tiere und deren Bedürfnisse zu respektieren haben), für Schulkinder und alle interessierte Menschen, die sich auch VOR, aber auch NACH der Anschaffung von Meerschweinchen sachkundig machen möchten, um den Lebewesen ein artgerechtes Leben zu ermöglichen. Aber auch Menschen, die einfach neugierig sind und unser Projekt anschauen möchten, wollen wir ansprechen. Wir wünschen uns Sponsoren.

Auch weitere Öffentlichkeitsarbeit bieten wir an:

Tag der offenen Tür, Treffen von MS-Freunden, Tierkommunikations-Seminare etc. Der Seminarraum könnte auch für andere Seminare vermietet werden.

Welche Menschen haben die Möglichkeit, uns bei der Realisierung unseres Traumes zu helfen oder sogar mitzuhelfen?
In Form einer Immobilienüberlassung – Schenkung (sanierter Resthof mit vielen Wiesen, Bäumen, Nebengebäuden für die Meeris, ggfs. auch anderen Tieren). Da wir hier im Rheinland – Nähe Köln – angesiedelt und hier auch noch durch unsere Arbeit gebunden sind, unseren Lebensmittelpunkt, Eltern und Freunde haben, wäre dies hier auch prima. Außerdem leben die meisten Meerschweinchen-Halter in Ballungsgebieten. Wir würden aber auch später z.B. in die Eifel ziehen. Denn die Meerschweinchen haben wenig Hilfe und kaum Lobby, und wir müssen aus Platzgründen und weil wir zu wenig Pflegestellen haben, immer wieder auch Absagen erteilen, das tut uns in der Seele weh.

Wenn das Areal entsprechend groß ist, könnten ggfs. auch andere Tiere dort ihren Lebensabend verbringen – dahingehend sind wir offen. Damit sich dort auch Menschen zusammenfinden, die an dem Projekt teilnehmen, brauchen wir natürlich auch entsprechenden Wohnraum, denn alleine schaffen wir das nicht!

Aufruf: Wir suchen Meerschweinchen-Pflegestellen, die unser kompetentes Team ehrenamtlich verstärken, Menschen mit einem Herz für Meeris, diese werden von uns auch sehr gründlich eingearbeitet.

Wissenswertes

Meerschweinchen sind Fluchttiere und keine Kuscheltiere, allein schon ihr Fluchtinstinkt macht sie zu denkbar schlechten Kuscheltieren.
Was bewegt also Kinder und Eltern dazu, sich Meerschweinchen zu kaufen?

Ja, genau, der Preis!
Ein Hund und eine Katze sind im Gegensatz zu einem Meerschweinchen, was man für 15-30 Euro kaufen kann, doch sehr teuer. Bei einem Hund besteht dann noch die Gassi-Geh-Verpflichtung, was bei einem Meerschweinchen, welches lebenslang in einem Gitterkäfig gehalten wird, wegfällt. (Das haben diese kleinen sehr anspruchsvollen Tiere in keinster Weise verdient!) Die Menschen bringen ihnen in den meisten Fällen keine genügende ‚Wertschätzung' entgegen.
Vielleicht deswegen, weil sie klein und billig sind?
Wegwerfware Tier??

Wen kümmert es dann, wenn das Meerschweinchen krank wird und die Tierarztkosten ein Vielfaches der Anschaffungskosten übersteigen.
Leider werden die Meerschweinchen, wie wir Menschen auch …krank. Und wer die ‚Verantwortung' für so eine süße Fellnase übernimmt, hat auch die ‚Fürsorgepflicht', das Tier zum Tierarzt zu bringen und es zu versorgen.
Was ist bloß aus uns Menschen geworden?
Wo bleiben unser Herz, unser Mitgefühl und die Hilfe?
Die Tiere sind uns hilflos ausgeliefert – versetze Dich immer in ihre Lage.

Ergänzend zur tierärztlichen Medizin habe ich immer auch nach alternativen Heilmethoden für die Meerschweinchen gesucht. In all den vielen Jahren der Meerschweinchen-Pflegestelle habe ich vieles gelernt und ausprobiert. Aus diesem langjährigen Erfahrungsschätzkästchen möchte ich mein Wissen an interessierte Meerschweinchen-Halter weitergeben.

Dieses, mein Wissen und meine Erfahrung, ersetzen aber nicht den Gang zum Tierarzt oder Tierheilpraktiker, wenn Ihr Meerschweinchen krank ist. Es ist als sinnvolle Ergänzung anzusehen.

Viele der Tierärzte/innen, die ich in all den Jahren ‚ausprobiert' habe, hielten kein eigenes Meerschweinchen-Rudel und sehen Meerschweinchen max. 15 Minuten auf ihrem Behandlungstisch. Die tägliche Praxis, mit den Meerschweinchen zu leben, all die Krankheiten mitzuerleben und durchzukämpfen, fehlt den meisten Tierärzten/innen. Viele tierärztliche Medikamente haben Wechselwirkungen, die sich nicht allzu gut z.B. auf die sehr empfindliche Magen-Darmflora der Meerschweinchen auswirken.

Zu Anfang machte ich die Meerschweinchen-Pflegestellenarbeit allein, mittlerweile habe ich ein tolles, kleines Team um mich herum, die selbst Gnadenhof-Rudel haben, Vermittlungsmeerschweinchen aufnehmen, Urlaubsbetreuung und auch Aufklärungsarbeit mitmachen. Trotzdem sind wir noch zu wenig, immer wieder müssen wir gerade für die Aufnahme von nicht mehr gewollten Meerschweinchen und die Urlaubsbetreuung Absagen erteilen.

Das Buch erhebt nicht den Anspruch auf Vollständigkeit, da auch ich immer wieder, mit jeder neuen Erkrankung der Meerschweinchen, hinzulerne und noch nicht alle Krankheiten durchgekämpft habe. Und es gibt sicherlich noch viele andere Möglichkeiten (gerne kannst Du mir Deine Erfahrungen mitteilen). Aber in einigen ganz speziellen Fällen, wo auch die Tierärzte keinen Rat mehr wussten, dachte ich bei mir: ‚Soll es das nun für das Meerschweinchen gewesen sein?'

Für mich undenkbar, ich gab das Meerschweinchen nicht auf und begann nach Alternativen zu suchen. Es sei aber gesagt, dass nicht jede Alternative bei jedem Meerschweinchen anschlägt, aber mein Denken ist: ‚Ich möchte was tun, bevor ich nichts tue', aber ein Heilversprechen kann und darf hier **NICHT** gegeben werden. Es liegt in der Verantwortung eines jeden Meerschweinchen-Besitzers, sich über die von mir genannten Alternativen genauestens zu informieren, deshalb gebe ich nur in Einzelfällen Dosierungen an.

Ich möchte, dass sich der Besitzer in der Verantwortung gegenüber seinem Meerschweinchen sieht und sich sehr genau damit beschäftigt.

Du trägst die Verantwortung für das Dir anvertraute Lebewesen und kennst es viel besser. In jedem Fall sollte nicht nur die gerade akute Erkrankung gesehen werden, sondern das Tier im **GANZEN** betrachtet, also auch sein Charakter, wie sensibel es ist und wie der allgemeine gesundheitliche Zustand ist, welche Position es im Rudel hat.

Alternative Möglichkeiten

Diese ‚alternativen Möglichkeiten' befinden sich im Bereich der Vitalpilze (bei Tieren wird das Vitalpilz-Extrakt eingesetzt).
Es sind Kapseln, die zur Dosierung geöffnet werden können, chinesische Heilkräuter (die Tabletten können zermörsert und mit etwas Flüssigkeit verdünnt in ein Spritzchen gezogen ins Mäulchen gegeben werden), Bicomplex-Mittel der Schüssler Salze (Schüßler-Kombi-Präparate), Globuli, Bachblüten, Salben, Heiltees und biologische Heilmittel. Auch dürfen frische Kräuter (Pflanzenheilkunde) eingesetzt werden. Leider ist es in unserer Wohnregion fast unmöglich, naturbelassene zugängliche Wiesen zum Sammeln zu finden.

Die anderen Möglichkeiten haben sich mir natürlich über Jahre hinweg geöffnet. Außerdem setze ich die Tierkommunikation ein, sodass ich von den Meerschweinchen und anderen Tieren erfahre, was los ist und ob die Behandlungen anschlagen.
Ich besitze die Gabe der Tierkommunikation seit meiner Kinderzeit und brauchte sie nicht erst zu erlernen.

Die unbedingte Voraussetzung, Deinem Meerschweinchen frühzeitig helfen zu können, ist der

‚Wöchentliche MEERSCHWEINCHEN-CHECK'.

Da jedes Meerschweinchen sehr unterschiedlich auf die ‚alternativen Heilmethoden' reagiert, auch mit Erstverschlimmerungen, solltest Du deshalb immer Rücksprache mit dem Tierarzt/in und/oder Tierheilpraktiker Deines Vertrauens halten.
Wir bieten allen Menschen, die verantwortungsbewusst gegenüber Ihren Meerschweinchen sein möchten, kostenlos an, bei uns den ‚Meerschweinchen-Check' zu erlernen. Dieser ist die ‚Lebensversicherung' der Meeris, denn sie werden uns, als Fluchttier, ihre ‚Krankheit' nicht frühzeitig anzeigen, sondern immer erst, wenn es fast schon zu spät ist.

So sieht es in meinem Wohnraum aus, wenn das MS-Check-Seminar stattfindet. Ich sitze mit Kastrat Pepe (geb. 10.09.13), der alles immer total gelassen mitmacht (als Bestechung gibt es Päppelbrei ☺) auf dem Boden und die Teilnehmer auf Stühlen drum herum.

Pepe geht auch immer mit, wenn wir mit den Meerschweinchen im ‚sozialen Einsatz' im Altenheim sind, er ist einfach super!

Unsere Vermittlungsbedingungen

zum Schutze der Meerschweinchen

Für eine Adoption von Meeris sind sehr harte Vermittlungsbedingungen einzuhalten. Diese dienen dem Schutz der Meeris und sind nicht erstellt worden, um die Menschen zu ärgern.
Wir kämpfen für ein besseres Leben und Umdenken bzw. Verständnis für die Meerschweinchen.

- **KEINE KÄFIGHALTUNG**
  (kein Tier hat es verdient lebenslang hinter Knastgittern mit viel zu wenig Platz zu hocken).
- MS-Check-Lernen ist im Schutzvertrag Bedingung.
- Eingehende Beratung VOR der Anschaffung von Meerschweinchen, ob diese die richtigen Tiere sind. Bestehen z.B. Tierhaarallergien – eine der meisten Gründe, warum Meerschweinchen wieder abgegeben werden!
- Vorkontrolle bei den neuen Besitzern, für eine artgerechte Unterbringung.
- Nachkontrollen.
- 1 x im Jahr muss das Meerschweinchen dem Tierarzt vorgestellt werden: Zahnkontrolle, 3-Tages-Kotprobe und allgemeine Untersuchung (auch wenn das MS dem Halter keine sichtbare Krankheit zeigt).
- Wir stehen jederzeit dem MS-Halter für Fragen zur Verfügung, begleiten die Halter auch weiterhin.
- Wir bieten Urlaubsbetreuung und auch Krankenpflege an, je nach Platzkapazität.
- Wir geben Böcke grundsätzlich nur kastriert ab, damit sie artgerecht mit Meeri-Mädels leben können und keinen weiteren unerwünschten Nachwuchs produzieren können.

- Alle unsere Vermittlungsmeeris sind tierärztlich untersucht (3-Tages-Kotprobe, Zähne, allgem. Check), bei Auffälligkeiten auch großes Blutbild, Sono, Röntgen, Biopsie.
- Wir bieten auch ‚Leihmeerschweinchen' an sowie die Rücknahme der Meerschweinchen, wenn sie aus einem triftigen Grund abgegeben werden müssen. (Es wird aber immer zuerst nach Lösungen gesucht.)
- Kostenlose Aufnahme von Not-Meerschweinchen – nach freier Platzkapazität.
- Wir haben mehrere Gnadenhof-Rudel, in denen alte und kranke Meeris bis zum Lebensende leben dürfen. Da dies sehr kostenintensiv ist, sind wir immer glücklich, wenn wir Patenschaften haben, was aber leider nur sehr wenig der Fall ist.

Wir, unser Team, sind in der Sachkunde geprüft.
Das heißt, wir haben einen Sachkundelehrgang-Kleinsäugerhaltung nach §11 TierSchG gemacht und haben die Prüfung bestanden.

Verhalten, Haltung: Einzelhaltung, Innen- und Außenhaltung

- Brief an Gott von MS-Dame Emma -

In diesem Sinne möchten wir Dir hier nun die Meerschweinchen, deren Verhalten und Haltung in Kurzfassung erklären, bevor wir zu der Ernährung und ‚alternativen Möglichkeiten' bei Erkrankungen kommen.
Dies ist Voraussetzungen für ein langes und gesundes Leben der Meerschweinchen!

Verhalten in Freiheit:

Ursprünglich aus Südamerika stammend, angepasst an karges Futter aus der Natur. Leben in Gruppen mit einem Bock und mehreren Weibchen. Es sind **Fluchttiere**, sie lieben dunkle Unterschlüpfe, buddeln aber nicht selbst, sondern übernehmen verlassene Höhlen anderer Tiere. Sie sind tag- bis nachtaktiv, werden NICHT stubenrein und der Harn- und Kotabsatz wird bevorzugt im Unterschlupf gemacht.

Verhalten:

Verschiedene Lautäußerungen, Zähneklappern als Drohgebärde, Abwehrpinkeln der Weibchen gegen zu aufdringliche Böcke oder auch gegenüber anderen Weibchen, z.B. bei Vergesellschaftungen.
Balzverhalten der Böcke, sie wiegen ihr Hinterteil und knattern – man nennt es auch ‚Rumba-Tanzen'. Die jungen Meerschweinchen ‚popcornen', das heißt, sie werfen ihren ganzen Körper in die Luft, das ist ein Zeichen von Lebensfreude und Spaß. Bei älteren Meerschweinchen wird es weniger, vermutlich bedingt durch ein höheres Gewicht und Alterserscheinungen.
Quieken: Muuig, muuig ist zumeist der Futterruf, der den Menschen gilt. Fiepen, Murmeln und auch Zwitschern gehört zur Geräuschkulisse. Zwitschern wie ein Vogel, das machen sie zumeist aus Angst oder wenn sie hoch erregt sind. Das konnte ich öfters in der Hochbrunst von

Weibchen hören. Wenn sie leise vor sich hin quatschen sind es zufriedene Laute.

Rangordnung:

Es sind Rudeltiere und es herrscht eine Rangordnung, d.h., es gibt einen Chef, zumeist der Bock/Kastrat und eine weibliche Chefin (die zumeist das Sagen hat und alles regelt). Die anderen Meerschweinchen haben untereinander auch eine Rangordnung, hier geht es um die besten Liegeplätze, das Beste aus dem Frischfutter etc.

Vergesellschaftung:

Einzelhaltung von Meerschweinchen ist tierschutzwidrig! Deshalb immer ein Partner-Meeri, es erhöht den Lebenswert um ein Vielfaches. Das perfekte Kleinrudel besteht aus einem Kastraten und zwei Weibchen.

Wenn neue Meerschweinchen hinzukommen:

Es sollte immer eine Vergesellschaftung auf neutralem Boden gemacht werden, in keinem Fall das neue Meerschweinchen direkt ins Gehege der anderen Meerschweinchen setzen. Da könnte das neue Meerschweinchen direkt furchtbare Haue von den anderen bekommen, denn es wird als Eindringling ins Revier angesehen.

Die Rangordnung und das Kennenlernen:

Auf neutralem Boden ist hier die optimale Wahl. Bitte keine Holzhäuser reinstellen, wo die Meeris in die Enge getrieben werden können, sondern Holzunterstände und Heu und auch Frischfutter, denn Futter lenkt ab. Dann darf man durchaus Geduld haben, es kann bis zu mehreren Stunden und auch Tage dauern. Manchmal, wenn die Chemie zwischen den Tieren so gar nicht stimmt und es schon sehr schnell den Ansatz zur ernsthaften Beißerei gibt, muss getrennt werden, dann ist der Vergesellschaftungsversuch als gescheitert anzusehen, denn auch Meerschweinchen verspüren Sympathie und Antipathie. In der Natur würde der Eindringling in die Flucht geschlagen werden, um sich ein anderes Revier zu suchen.

Zu einer Vergesellschaftung und Klärung der Rangordnung gehört ebenso das Aufreiten, Anpinkeln, Hinterherrennen, einhergehend durch

Zähneklappern und lautem Gequatsche. Solange sie sich nicht auf die Hinterbeine stellen und zum Angriff blasen, ist das Verhalten normal. Aber bitte gebe nicht vorschnell auf, bei jedem Trennen und späteres Wiederzusammensetzen beginnt das ‚Rangordnung-machen' wieder von vorne.

Zumeist ordnet sich ein jüngeres Meerschweinchen den Älteren besser unter. Und … keine Vergesellschaftung läuft gleich ab, denn immer sind es ganz unterschiedliche Charaktere, und es ist wichtig, dass sich die Meerschweinchen untereinander verstehen, denn sonst wäre es kein schönes Zusammenleben, also lasse Du bitte die Meerschweinchen entscheiden, wer ins Rudel passt oder nicht. Eine gute Rudelzusammenstellung ist auch für ein langes Leben wichtig, denn die Meerschweinchen müssen sich wohlfühlen und nicht von anderen gemobbt werden. Das kann sonst auch körperlich und seelisch krank machen, da das Wohlbefinden gestört ist, denn für das gemobbte Meerschweinchen gibt es keine Möglichkeit, das Rudel zu verlassen.

Unverträglichkeit: Ja, die gibt es! Auch bei den Meerschweinchen entscheiden Sympathie und Antipathie. Weibchen können auch zicken bis dahingehend richtig aggressiv werden, und auch unter den Böckchen kann es zu heftigen, bis hin zu blutigen Auseinandersetzungen kommen. Bei uns funktionierten am besten diese Varianten:

- 1 Kastrat und mindestens 1 Weibchen, besser noch: mehrere Weibchen.
- 3 junge Brüder, wurden früh-kastriert und wuchsen von klein an zusammen auf, das ist aber nicht die Regel, dass diese Konstellation klappt
- Zwei Weibchen, wobei zu sagen ist, dass immer eines der Weibchen die Leitfunktion übernimmt, die ‚eigentlich' ein Kastrat übernehmen soll.

Einzelhaltung:

Zuerst sei gesagt, dass eine Einzelhaltung von Meerschweinchen in keinem Fall und auch lt. Tierschutzgesetz artgerecht ist, da Meerschweinchen Rudeltiere sind! Der Mensch oder auch ein artverwandtes Tier, wie Kaninchen, sind kein Ersatz für den Meerschweinchen-Partner! Das einzelne Meerschweinchen kann sich somit nicht mit einem Artgenossen ‚unterhalten'. Stelle Dir immer vor, Du wärst so ‚einsam ohne Ansprache'. Die Meerschweinchen können seelisch daran verkümmern und sogar an Einsamkeit sterben.

Stell Dir vor, Du bist Dein Leben lang in Deinem Kinderzimmer eingesperrt, findest Du das schön? Eine Käfighaltung sollte in der heutigen Zeit nicht mehr vorkommen, auch wenn die Hersteller immer noch Gitter-Käfige in den Verkauf bringen, es gibt sehr schöne Alternativen für eine artgerechte Haltung. Stelle Dir vor, Du hockst Dein Leben lang hinter Gittern und kannst Dich kaum bewegen? Würdest Du gerne so leben wollen? Stelle Dir diese Frage, bevor Du die Meerschweinchen in einen Gitterkäfig setzt.

Ein Brief von einem Meerschweinchen an den lieben Gott!

Hallo lieber Gott, mein Name ist Emma und ich bin ein Meerschweinchen. Geboren wurde ich vor ungefähr 5 Jahren in einem gemütlichen Kuschelsack. Meine Mami hat mich und meine Geschwister, solange sie Milch hatte, gesäugt und brachte uns schon mit 3 Tagen bei, was wir vom Frischfutter fressen dürfen. Wir wurden größer und fingen an zusammen zu spielen. Das war sooo schön! Aber leider schon viel zu bald wurden wir von unserer Mami weggenommen. Ich war sehr froh, dass wenigstens meine Schwester Lina bei mir war, an der ich mich orientieren konnte. Wir kamen dann zu einer netten Frau, die schon alles schön für uns vorbereitet hatte. Wir bekamen Heu und Karöttchen, durften im Garten springen und wurden umsorgt. Und immer hatte ich meine Schwester, die mich gut führte und mir half. Wir waren glücklich und haben uns gegenseitig das Frischfutter geklaut.

Und dann kam der Tag, an dem Lina krank wurde und mich alleine ließ. Ich habe so gehofft und zu Dir gebetet, dass sie zu mir zurückkommt, aber sie kam nicht mehr. Es kam nur noch die nette Frau und hat mir mein Futter gebracht. Aber die nette Frau hat mir nicht meine Äuglein geputzt, sich mit mir nicht auf meerschweinisch unterhalten und auch nicht mit mir ums Futter gezankt.

Immer noch habe ich gehofft, dass Lina zu mir zurückkommt, jeden Abend habe ich zu Dir gebetet, dass sie doch am nächsten Tag wieder da sein möge oder vielleicht eine neue Meerschweinchen-Freundin oder ein kastrierter Meerschweinchen-Freund, der mir Gesellschaft leistet und den ich lieben kann. So verging Tag für Tag und mit jedem davon wurde ich trauriger und hoffnungsloser. Ich war schon dankbar, wenn die Frau kam und sich ein bisschen Zeit für mich nahm, auch wenn sie mir nie einen Meerschweinchen-Freund/in ersetzen konnte, aber zumindest war es eine kleine Ablenkung in diesem Leben, das so unendlich traurig war.

Und es vergingen weitere Tage, Wochen, Monate, es gab keinen Garten mehr, in dem ich rennen konnte, es gab keine Freundin/Freund, der mir das Futter spielerisch klaut, sich mit mir unterhält ... und da begann die Zeit, in der ich anfing zu Dir zu beten, dass ich morgens nicht mehr aufwachen müsste, nicht mehr alleine sitzen und warten. Doch du hast mich nicht gehört und mein

Frauchen, das es ganz sicher gut mit mir meint, versteht mich nicht, versteht nicht wie einsam und traurig mein Leben Tag für Tag ist.

Liebt sie mich nicht? Ich glaube doch, aber sie versteht nicht, dass ich einfach nur darauf warte, dass Du mich endlich von meinem Leiden erlöst ... denn ich bin ein Meerschweinchen und für Meerschweinchen gibt es nichts Schlimmeres als ohne Artgenossen leben zu müssen, das weißt Du doch, lieber Gott.

Ach, würde sie mich doch lieben, dann würde sie mich gehen lassen, gehen zu jemandem, der mir wieder einen Freund schenkt ... denn ... LIEBEN HEIßT AUCH LOSLASSEN!

Und so bete ich weiter jeden Abend zu Dir, lieber Gott, dass Du mich endlich zu Dir holst und ich all dieses Leiden endlich überstanden habe! Hörst Du mich auch nicht? Liebst Du mich auch nicht? Wenn Du mich liebst, bitte hol mich von dieser Welt oder HILF MIR BITTE!!!

In Liebe und Hoffnung, Deine Meerschweinchendame Emma
(Danke an Conny O. von der Kleintierhilfe München)

Innenhaltung:

Das Gehege sollte für 2 Meerschweinchen (kein Gitterkäfig) ein Mindestmaß von 140 x 70cm haben, für jedes weitere Meeri bitte nochmals 1,00qm dazurechnen. Im Grunde ist ein Gehege je größer desto besser, umso mehr können sie sich bewegen, was der Gesunderhaltung dient. Ein Mangel an Bewegung lässt die Meeris verfetten und es herrscht natürlich auch Langeweile. Stelle auch immer wieder die Häuser und Unterschlüpfe um und baue etwas Neues, damit sie Abwechslung haben. Gönne ihnen auch gesicherten Freilauf (Achtung auf Kabel und giftige Pflanzen), um ihren Bewegungsdrang zu befriedigen.

Gehege-Standort:

Zugluftfrei, nicht direkt an der Heizung oder Fenster, am besten leicht erhöht und keine direkte Sonneneinstrahlung (hitzeempfindlich, Hitzschlag).

Die Meerschweinchen sind aber durchaus sehr neugierig und wollen am Leben ihrer Menschen teilhaben, also suche einen geeigneten Standort, wo Du Dich auch viel aufhältst.
Es ist darauf zu achten, dass sich im Eigenbau-Gehege keine giftigen Pflanzen oder Kabel befinden, denn als Nager können die Meerschweinchen alles anknabbern, was ihrer Gesundheit aber weniger gut bekommt. Da hat schon so manches Meerschweinchen einen Stromschlag bekommen oder wurde vergiftet aufgefunden und war tot.

Gehege:

Zumeist auf Einstreu. Es gibt aber auch Alternativen, Hanfstreu, Fleecedecken bzw. selbstgenähte Einlegerdecken aus alten Bettbezügen, wo ein Inlet eingenäht wurde oder man Inkontinenzeinlage/Wickeleinlagen reinlegt. Dies ist auch für Allergiker eine Alternative. Wer mehr dazu wissen möchte, darf mich gerne kontaktieren.

Gehege-Einrichtung:

Wassernäpfe aus Ton oder Keramik sind anfällig gegen Verschmutzung, besser ist eine Nippeltränke, die mindestens 2 x in der Woche gereinigt werden muss. Besonders der Trinknippel ist mit einem Wattestäbchen

zu reinigen. Bei der Außenhaltung muss die Nippeltränke gegen das Einfrieren des Wassers geschützt werden.
Häuser, Unterstände und Weidenbrücken sollten aus naturbelassenem Holz sein, damit sie auch angenagt werden dürfen.

Fressen:

Da sie eine Art Stopfdarm besitzen, fressen sie 60 - 80 kleine, nährstoffarme Mahlzeiten täglich, das heißt, sie machen kurze Verschnaufpausen und fressen dann wieder. Das wichtigste Grundnahrungsmittel ist qualitativ hochwertiges HEU, wie oben schon beschrieben. Meerschweinchen gehören zu den Herbivoren (Pflanzenfressern).

Hochheben:

Bitte **NIEMALS** am Nackenfell hochheben! Beim Hochheben die eine Hand am Bauch unter die Vorderbeine positionieren, die andere Hand stützt den Po.

Naturholzhäuser mit zwei Ein- bzw. Ausgängen oder Holzunterstände sollten vorhanden sein, denn, wenn ein anderes Meeri ins Haus möchte, muss es einen Fluchtweg heraus geben, sie sind Fluchttiere.
Die Naturholz-Häuser oder Naturholz-Unterstände können dann auch von ihren Zähnen benagt werden, denn sie brauchen den Abrieb, damit ihre Zähne nicht zu lang wachsen.
Das Zuhause sollte auch eine Tränke und einen Wassernapf (pro 2 MS) haben, welche täglich mit frischem Wasser gefüllt werden müssen. Im Gehege sollten auch Heuraufen sein, sodass die Meerschweinchen immer sauberes Heu zur Verfügung haben. Sie mögen ihr Heu aber auch gerne vom Boden fressen, deshalb lege auch immer kleine Haufen Heu auf den Boden, dies dient dem Fressen, aber auch dem Verstecken und drauf schlafen. Je größer das Zuhause ist, umso wohler fühlen sich die Meerschweinchen. Denn die Bewegungsfreudigkeit unserer Fellpopos wird meist unterschätzt.

Plastik darf es im Meerschweinchen-Zuhause nicht geben, denn auch das würden sie versuchen zu benagen, aber das könnte auch ihr Tod sein. Und wenn die Meerschweinchen auf dem Boden ein Gehege haben, denke immer daran, dass sie sehr klein sind und wir Menschen ihnen als riesig erscheinen. Also nähere Dich zu Anfang immer langsam, ohne hastige Bewegungen. Bevor Du den Raum betrittst, kannst Du ihnen erzählen, dass Du kommst, sie hören dann Deine Stimme und können dies zuordnen.

Bodengehege: Auf dem Boden ist es immer viel kühler und auch zugiger, bedenke dies bitte.

Viele Menschen glauben, dass Meerschweinchen stinken, aber das stimmt nicht! Das, was da so riecht, ist der Urin (und auch Durchfall riecht sehr unangenehm). Wenn der Mensch, der für ihr Wohlergehen und Sauberkeit verantwortlich ist, die Behausung nicht regelmäßig, mindestens zweimal in der Woche (bei Einstreu) reinigt, dann kommt es zur Geruchsbildung. Dann stinkt es!!! Da Meerschweinchen sehr gut riechen können, mögen sie dies auch nicht. In nasser Einstreu zu sitzen, kann ebenfalls Krankheiten verursachen, deshalb sollten bevorzugte Pipi- und Köttelecken täglich saubergemacht werden.

Außenhaltung:

Sie sind aber in unseren Breitengraden nur bedingt für Außenhaltung im Winter geeignet (gut isolierter Stall), da wir ihnen nicht die passenden Rückzugsmöglichkeiten (Höhlen) gewährleisten können und sie kein Winterfell bekommen und somit kälteempfindlicher sind. Ihr Bewegungsdrang ist groß, ein gut strukturiertes Gehege mit vielen Versteckmöglichkeiten (Häuser müssen immer zwei Ein- bzw. Ausgänge als Fluchtmöglichkeit haben) wäre gut. Die Außenhaltung birgt auch Gefahren. Im Sommer können Fliegen ihre Eier zumeist in kleine Wunden oder am Po ablegen, bitte kontrolliere 1 x täglich Deine Meerschweinchen. Auch können sie sich von der Wiese leichter Würmer etc. einfangen, deshalb ist es generell ratsam, 2 x im Jahr eine 3-Tages-Kotprobe machen zu lassen.

Wenn es nach den Meerschweinchen ginge, würden sie gerne draußen auf der Wiese leben ... weil sie die Wiese lieben ...
Deshalb ist eine Außenhaltung immer gut zu planen.
Meerschweinchen brauchen ein aus- und einbruchsicheres Gehege, das sie vor Katzen, Greifvögeln und Mardern (Marder können buddeln) schützt. Die kommen auf leisen Pfoten, sodass du sie nicht immer bemerkst und den Meeris nicht helfen kannst.

Bitte wähle einen Standort, der nicht in der prallen Sonne liegt, da die Meeris sonst einen Hitzschlag bekommen können. Auch hier musst Du ihnen Heu, Wasser sowie Holzunterstände als Unterschlupf zur Verfügung stellen. Sonnenschirme können helfen, aber bitte bedenke, dass die Sonne ‚wandert', so muss auch ein aufgestellter Sonnenschirm ‚mit-wandern.' Gewöhne sie ganz langsam an Gras und Frisches von der Wiese (kein Klee), nur jeden Tag erst einmal eine ganz kleine Portion, da sie sonst Aufgasungen/Bauchweh bekommen. Was eine Aufgasung ist, erkläre ich später, jedenfalls ist es für sie lebensgefährlich.
Im Winter ist eine Innenhaltung besser, weil die Meerschweinchen, die keine dauerhafte Außenhaltung gewohnt sind, draußen schnell frieren, sie bilden kein richtiges Winterfell. Da Du im Winter nicht so viel bei

den Meerschweinchen draußen bist, kannst Du die Krankheitsanzeichen nicht früh genug erkennen.
Für die (Außen)-Winter-Haltung ist z.B. eine gedämmte Schutzhütte UNBEDINGT erforderlich. Auch eine Wärmelampe und ganz viel Stroh und Heu zum Warmhalten. Außerdem sollte es eine Gruppe von Meerschweinchen sein. Auch hier ist immer an frisches Wasser und viel Heu zu denken. Damit das Wasser nicht in der Tränke einfriert, ist diese mit einer Thermoschutzhülle zu versehen.
Ein in Innenhaltung lebendes Meerschweinchen sollte nicht mehr im Herbst in die reine Außenhaltung, da es die Temperaturen im Winter und eine generelle Außenhaltung nicht gewohnt ist. Es ist ratsamer, es ab dem warmen, frostfreien Frühjahr langsam und stundenweise an die Außenhaltung zu gewöhnen.

Päppeln:

Meerschweinchen auf ein Handtuch auf den Schoß setzen, der Päppelbrei, Flüssigkeit (Heiltee nach dem Krankheitsbild), Päppelspritzen sollten schon bereitliegen. Auch ein weiches Tuch, um nach dem Päppeln das Mäulchen von Breiresten zu befreien, damit die anderen Meeris nicht das Schnäuzchen ablecken wollen. Die Päppelspritze wird entweder von der rechten oder linken Seite seitlich ins Mäulchen, an den Schneidezahnen vorbeigeschoben. Bitte immer ganz langsam päppeln, denn das Meeri kann sich verschlucken, dadurch würde Brei in die Luftröhre gelangen, dort zu ‚Wasser in der Lunge' werden und sich dann zu einer lebensgefährlichen Bedrohung entwickeln.

Zwangspäppeln:

Wenn das Meerschweinchen den Brei nicht freiwillig auf dem Schoß sitzend nimmt, fixiert man mit dem Zeigefinger unter dem Kinn und den Mittel-, Ring- und kleiner Finger auf der Brust, das Mäulchen. Die andere Hand schiebt dann langsam die Päppelspritze ins Mäulchen.

Physiologische Daten

der Hausmeerschweinchen - Cavia aperea (porcellus) -

Körperlänge	Erwachsene Tiere ca. 20 – 35 cm
Gewicht	Böckchen: 800-1600g Weibchen: 700-1200g Das Gewicht ist auch rasseabhängig.
Herzfrequenz	230-380/Min
Atemfrequenz	Ca. 100-150/Min
Körpertemperatur	37,4-39,5 °C
Wasserverbrauch	10 ml/je 100 g Gewicht pro Tag, wird u.a. auch über das Frischfutter aufgenommen.
Futterverbrauch	10-16g je 100g Körpergewicht
Ausgewachsen	Zwischen 8-12 Monaten
Geschlechtsreife	Ab dem 28-35 Lebenstag zeugungsfähig und abgeschlossene Geschlechtsreife ca. mit 8 Wochen, wichtig ist es dann zeitig die jungen Böckchen von der Mutter und weiblichen Geschwistern zu trennen. Das Meerschweinchenweibchen ist 1,5-13 **Stunden** nach der Geburt wieder deckungsbereit.
Weibchen Geschlechtszyklus	14-18 Tage
Wurfgröße	1-6 Meerschweinchenbabys
Lebenserwartung	Im Durchschnitt 5-8 Jahre – bei guter Haltung, Ernährung und Gesunderhaltung. In Ausnahmefällen auch älter.

Das Weibchen ist nach der Geburt ihrer Babys sehr schnell (siehe oben) wieder deckungsbereit, deshalb muss der unkastrierte Bock unbedingt zuvor von dem Weibchen getrennt werden. Im Sinne des Tierschutzes bitte nur kastrierte Böcke mit Mädels zusammensetzen, um weiteren unerwünschten Nachwuchs zu vermeiden.

Böckchen sind unbedingt vor der Geschlechtsreife (Abstieg der Hoden in ca. der 6. Lebenswoche – wobei es hier durchaus auch frühreife Böckchen gibt) von dem Muttertier und weiblichen Geschwistern zu trennen, da sonst Inzucht entsteht und somit auch Erbkrankheiten.

Generell sind die sogenannten ‚Kinderzimmer-Vermehrungen' abzulehnen, die Meerschweinchenbabys sind zu Anfang süß, wachsen aber schnell und was ist dann? Wohin mit den Meerschweinchen?

Außerdem kennen sich die wenigsten mit der Genetik aus und wissen gar nicht, was sie für Krankheiten ‚züchten' können und trennen auch aus Unwissenheit zu spät den zeugungsfähigen Bock und die geschlechtsreifen Baby-Böckchen von den Weibchen. Bei Meerschweinchen-Mädchen, die älter als 1 Jahr sind und noch keine Babys hatten, verknöchert das Becken und kann sich auch bei dem Geburtsvorgang nicht mehr weiten, wodurch die Geburt der Babys dann tödlich verlaufen kann, weil sie nicht mehr durch das verengte Becken passen.

Sinnesorgane

AUGEN – Meerschweinchen können durch ihre weit auseinanderliegenden Augen räumlich nicht gut sehen, trotzdem können sie Feinde sehr gut wahrnehmen. Als Unterschied zu uns Menschen haben Meerschweinchen nur 2 Zäpfchen zum farbig sehen, ihnen fehlt das Rot. Aber sie können blaugrün und blauviolet sehen.

NASE – Meerschweinchen haben einen sehr guten Geruchssinn und gerade bei der Nahrung entscheidet der Geruch, ob das Futter fressbar ist. Auch Gruppenmitglieder und ihre Menschen werden am Geruch erkannt. Sie strecken ihre Nase in die Luft, um Witterung aufzunehmen. Bitte sei aber vorsichtig, Meerschweinchen können oftmals giftige Pflanzen nicht mehr erkennen, weil es ihnen von den Elterntieren oder Rudelmitgliedern nicht mehr beigebracht wurde, wenn sie getrennt wurden und nicht mehr natürlich im Rudel aufwachsen können.

OHREN – Meerschweinchen haben einen sehr guten Hörsinn, sie hören in so einer hohen Frequenz, wie wir Menschen es nicht hören können. Die Frequenz von 16-33.000 Hertz kann wahrgenommen werden. Außerdem erkennen sie ihren Futter- und Reinigungssklaven auch z.B. am Schritt, also an Geräuschen, die sich wiederholen. Besonders beliebt ist das Öffnen der Kühlschranktüre, wenn die Meerschweinchen in hörbarer Reichweite leben. Ob die Ohren im Alter schlechter werden, kann man mit einem einfachen Test herausfinden, indem man z.B. einen Löffel auf die Fliesen fallen lässt. Alle Meeris werden vor Schreck flitzen gehen, nur die, die schlecht hören oder bereits taub sind, werden sitzen bleiben, als wenn nichts passiert wäre.

TASTHAARE – Meerschweinchen besitzen, wie auch Hund und Katze, sogenannte Tasthaare (Vibrissen), mit denen sie ihre Umgebung auch im Dunklen ‚ertasten' können.

ZÄHNE – Die Meerschweinchen haben lebenslang nachwachsende Zähne, davon 20 Stück. Jeweils vorne oben zwei und unten zwei Schneidezähne. Links und rechts, oben und unten, jeweils 4 Backenzähne. Sie brauchen ständigen Abrieb mit gutem Heu und auch Ästen zum Benagen.

Ernährung:

Wir möchten hier im Namen der Natur, Umwelt und den Tieren einen Aufruf starten: Bitte vermeidet den Kauf von Plastikverpackungen.
Eine Meerschweinchen-Notstation, aber auch der normale Tierhalter, kauft sehr viel Obst und Gemüse. Dies kann auch lose gekauft werden, ohne die Plastikverpackung. Wir benutzen dazu Einkaufsnetze, die sind waschbar und immer wieder verwendbar, und es gibt sie in verschiedenen Größen. Auch Leinenbeutel, die ebenfalls waschbar sind, können für den Obst- und Gemüseeinkauf genutzt werden.

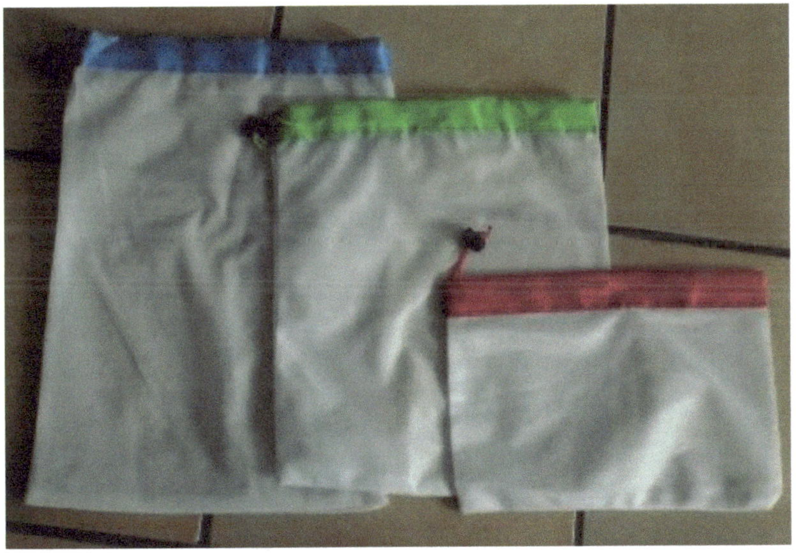

Zur Gesunderhaltung der Meerschweinchen gehört nicht nur die richtige Ernährung, sondern auch weitere Grundbedürfnisse, die für ein artgerechtes Leben wichtig sind.

Die Grundbedürfnisse von unseren Meerschweinchen sind:

- Grundnahrungsmittel ist gutes HEU! Heu muss immer zur Verfügung stehen, Heu vom Bauern, möglichst nicht in Plastiktüten-Schimmelpilzgefahr etc.

  Du kannst das Heu in einem alten Bettbezug transportieren, so bleibt das Heu und auch das Auto sauber und das Heu kann immer noch atmen, das heißt: es kommt Luft dran.

  HEU TOM liefert Heu in verschiedenen Kilo-Größen im Karton. Dies ist leicht entnehmbar, da es nicht gepresst ist und es ist, der Umwelt zuliebe, in keiner Plastikverpackung!

HEU, ein sehr wichtiges Thema!!

Heu: Meerschweinchen fressen gerne vom Boden, deshalb liegt bei uns auch immer Heu auf dem Boden. Damit auch ständig frisches und sauberes Heu zur Verfügung steht, sollte das Heu in Heuraufen gefüllt werden.
Sie sollten zweimal am Tag eine Portion Frischfutter, um auch den täglichen Bedarf an Vitamin C etc. zu decken, erhalten.
Sollten Jungtiere da sein, sind die Heuraufen oben zu sichern, dass keines der Jungtiere dort hineinspringen und sich verletzen kann. Denn junge Meerschweinchen können sehr gut springen, auch auf Holzunterstände oder das Dach vom Haus.
Heu sollte ruhig mehrmals täglich frisch auf den Boden sowie auch in die Heuraufe nachgelegt werden, denn die Meerschweinchen selektieren im Heu nach dem, was für sie verwertbar ist und werden nie alles Heu auffressen. Und was gibt es Schöneres, als im Heu eine Runde zu schlafen?
Es ist auf eine sehr gute Qualität des Heus zu achten, bitte kaufe nicht unbedingt das Günstigste, sondern schaue, ob Du vielleicht einen Bauern in der Nähe hast, wo Du Heu z.B. in alten Bettbezügen holen kannst. Heu ist das ‚A und O' der Meerschweinchen-Ernährung, es sorgt dafür, dass der Magen-Darmtransport funktioniert. Auf Heu in Plastiktüten sollte ganz verzichtet werden, denn nur schon geringstes Schwitzwasser auf dem Transport kann für Schimmelpilze sorgen, die aber im Anfangsstadium für das bloße Auge noch gar nicht sichtbar sind. Kein Bauer würde sein Heu in Plastik lagern! Es gibt Bauern, die sich auf das Heu für Kleintiere spezialisiert haben, es wird vor Ort nicht in Plastiktüten gepackt, sondern kommt frisch vom Heuschober in den Karton zum Transport. Heu muss ‚atmen' können. Auch kleinere Mengen gibt es ohne Plastiktüte zu bestellen.

- Vitamin C können Meerschweinchen, wie auch der Mensch, nicht selber bilden. Es muss durch das Frischfutter zugeführt werden.
- Wasser muss täglich frisch zur Verfügung gestellt werden.

- Wasser aus Nippeltränken: Mundstück mit einem Wattestäbchen und einem feuchten Tuch 1 x in der Woche reinigen – sonst Pilzgefahr.
- Ausreichend Platz, da Meeris bewegungsfreudig sind.
- Keine Kohlsorten (sie sind schwer verdaulich), Aufgasungsgefahr. Zwiebeln, Lauchzwiebeln und Lauch sind tödlich.
- Kein Kraft- oder Trockenfutter (mit Getreide) oder Fertigprodukte aus dem Zooladen, das lähmt nur den Magen-Darm und beschert Aufgasungen, da Getreide bläht. Gesunde Meerschweinchen in der Innenhaltung benötigen kein Trockenfutter.
- Bei alten und kranken Meerschweinchen, wenn sie es vertragen, darf durchaus etwas getreidefreies Trockenfutter als Leckerchen gegeben werden. Meerschweinchen in Außenhaltung haben einen anderen Energieverbrauch und dort darf, bei Bedarf, getreidefreies Trockenfutter (aber nicht als Alleinnahrung) gereicht werden.
- Pflanzliche Nebenerzeugnisse, Abfallprodukte der Zuckerindustrie, Zucker kann den Magen-Darm lahmlegen.
- Hoher Calciumgehalt: Petersilie, Luzerne, Möhrengrün: Blasengrieß/Blasenstein-Gefahr.

Wir haben im Laufe der Jahre unsere ganz eigenen Erfahrungen in Sachen Fütterung von Meerschweinchen gemacht. Und die Geschmäcker eines jeden Meeris sind sehr verschieden, sie fressen noch lange nicht alles, auch nicht das, was vielleicht ein Rudelmitglied mag.

Wir haben nur die unbedenklich zu fütternden Gemüsesorten, Obst, Kräuter, Blätter, Blüten und Zweige aufgelistet.
Kurz zur Erläuterung: Der Magen eines Meerschweinchens fasst ca. 15ml Inhalt, das heißt, lieber 2-3 kleinere Fütterungen über den Tag verteilt, statt 1 großen Fütterung.

In der Natur nehmen die Meerschweinchen auch nicht auf einmal eine Masse an Futter auf, sondern müssen mühsam ihre Nahrung suchen. Hier besteht die Gefahr der Magenüberladung durch Überfressen und oder zu schnelles Fressen durch Futterneid – beim Gruppenfressen nicht, was aber sonst, wenn die Meeris ihr Futter nicht selbst suchen müssen und mit einem Mal eine große Portion bekommen, durchaus bei sehr gierig und verfressenen Meeris sein kann.

Zuerst möchten wir über die als **schädlich angegebenen Inhaltsstoffe** informieren:

Oxalsäure	Oxalsäure ist eine weitverbreitete, wasserlösliche, organische Pflanzensäure. Oxalsäure reagiert im Körper mit Calcium, es stört den Calciumstoffwechsel. Die lebensnotwendigen Ca-Ionen werden in Form von unlöslichem Calciumoxalat ausgefällt. Das Calcium kann seine Funktion im Körper nicht mehr erfüllen. Das Calciumoxalat ist Hauptbestandteil von Nierensteinen, es verstopft als Blasenschlamm die Harnwege. Eine hohe Konzentration an Oxalsäure im Futter kann also zu Nierenerkrankungen, Blasensteinen und Calciumstoffwechselstörungen führen.	Pflanzen mit hohem Oxalsäuregehalt können an gesunde Tiere durchaus in geringen Mengen verfüttert werden. Von einer dauerhaften Fütterung ist abzuraten. An Tieren mit Nierenschädigung sollten diese Lebensmittel nicht verfüttert werden.
Solanin	Solanin ist ein schwerlösliches, toxisches Alkaloid einiger Nachtschattengewächse (Solanaceae) (es ist z.B. in den grünen Stellen von Kartoffelknollen und Tomaten zu finden). Folgen von zu hoher Solaninkonzentration im Futter sind unter anderem: Magenbeschwerden, Darmentzündungen, Nierenreizungen, bzw. Entzündungen, Durchfall, und in schlimmen Fällen eine Auflösung der roten Blutkörperchen, Störungen der Kreislauf- und Atemtätigkeit sowie Schädigungen des zentralen Nervensystems.	Grüne Stellen bei Kartoffeln sowie die Keime sind zu entfernen. Kartoffeln sollten aber ohnehin aufgrund ihres hohen Stärkegehaltes nur sehr selten auf dem Speiseplan stehen. Grüne Tomaten, sowie grüne Stellen an den Tomaten und den Pflanzen dürfen nicht verfüttert werden, rote ausgereifte Tomaten gelten als unbedenklich.

Nitrat	Nitrat ist eine Verbindung aus den Elementen Stickstoff und Sauerstoff. Pflanzen benötigen den Stickstoff des Nitrates zum Aufbau von Eiweiß. Nitrat selber ist nicht giftig, es ist aber die Vorstufe des gesundheitsschädigenden Nitrits. Im Körper wird das Nitrat von Mikroorganismen zu Nitrit reduziert. Nitrit ist giftig. Zeichen einer Nitritvergiftung sind: Speicheln, Durchfall, Muskelzittern, Schwäche, Taumeln, Zyanose (Blausucht).	In geringen Mengen ist ein Verzehr nitrathaltiger Nahrungsmittel unbedenklich. Jedoch sollten stark belastete Lebensmittel wie z.B. Kopfsalat, Endivie, Eisbergsalat, Feldsalat, Spinat, Stielmangold, Rote Bete etc. nicht als Hauptfutter eingesetzt werden. Hin und wieder ein Salatblatt ist bei einer abwechslungsreichen Fütterung unbedenklich.
Blausäure (Cyanwasserstoff)	Blausäure ist eine nahezu farblose, brennbare, flüchtige und wasserlösliche Flüssigkeit, die nach Bittermandeln riecht. In reiner Form ist es extrem giftig, in Pflanzen ist es meist nur in sehr geringen Mengen enthalten. Durch die massive Einnahme von Blausäure, bzw. Cyaniden, die im Körper zu Blausäure aufgespalten werden, kommt es zu einer Blockade der Zellen (grob vereinfacht), sie können keinen Sauerstoff mehr aufnehmen und die Zellen sterben ab. Als Folge	Normalerweise ist ein wenig Blausäure im Futter kein Problem für die Tiere. Man geht sogar davon aus, dass Tiere, die hin und wieder cyanid-/blausäurehaltige Rinden aufnehmen, weniger Parasiten im Darm haben. Um eine starke Vergiftung herbeizuführen, müssen die Tiere unnatürlich viel Blausäure aufnehmen, das geht eigentlich nur mit hochgiftigen Pflanzen oder bei einer sehr einseitigen Fütterung. Blausäure ist in den Steinen von

	einer solchen Vergiftung kommt es zu Krämpfen, meist zuerst zu Bauchkrämpfen, Durchfall und im weiteren Verlauf zu Atemnot und schlimmstenfalls zum Tod.	Steinobst (Pfirsich, Nektarine, Pflaume) vorhanden, angeblich auch in geringer Menge in den Blättern und Rinden der Pflanzen. Ist der Stein zerbrochen, findet sich Blausäure auch in der Frucht. Auch in den Kernen von Kernobst ist Blausäure vorhanden (aber pro kg Tiergewicht müsste etwa eine Handvoll Kerne gefressen werden, um eine Wirkung zu erzielen).

Salat füttern? Ja oder nein?

Eine schwierige Frage, die wir uns mitunter oft gestellt haben. Es ist sehr abhängig vom jeweiligen Meerschweinchen. Wir haben Meerschweinchen, die bekommen nach auch nur geringer Fütterung von Salat direkt Matscheköttel oder sogar Durchfall. Hier ist es ratsam, Salat nicht zu verfüttern. Bauchweh hat kaum ein Meerschweinchen gerne und aus Verdauungsproblemen können auch schwerste Aufgasungen entstehen. In dem Fall ist direkt der Tierarzt aufzusuchen und mit dem direkten Zufüttern mit Päppelbrei zu beginnen.

Wir möchten hier einfach nur auf die Konsequenzen aufmerksam machen, woran die MS-Halter zumeist nicht denken. Im Endeffekt darf die Entscheidung jeder Meerschweinchen-Halter selbst tragen und ausprobieren.

Dazu noch eine Anmerkung: Rohfaser – das Heu ist der ‚Antrieb' für die Meerschweinchen-Verdauung, das heißt, ein ‚ZUVIEL' an Flüssigkeit z.B. in sehr wässrigem Gemüse – z.B. Salat, ist kontraproduktiv. Jetzt sagst Du, aber die Meerschweinchen brauchen doch Wasser.

Ja, genau Wasser, das sie aus der Tränke/Napf selbst und nach Bedarf zu sich nehmen können. Wasser ist aber ohne ‚Nebenwirkung'. Der im Supermarkt zu kaufende Salat kommt zumeist aus dem Treibhaus und wurde mit der chemischen Keule behandelt, für den Magen-Darm/Verdauung kann dies durchaus Verdauungsstörungen bedeuten. Und er enthält fast nichts, außer Wasser, kann aber im Magen-Darm-Trakt gären, reines Trinkwasser nicht!

Was ist beim Verfüttern von Salat zu beachten?

In den Sommermonaten ist sicherlich die Fütterung ‚Frisches von der Wiese' gegenüber Salat zu favorisieren, da z.B. frischer Löwenzahn eine ganz andere und viel gesündere Zusammensetzung, besonders der Bitterstoffe, enthält, die im Salat nicht zu finden sind und auch für die Meerschweinchen eine viel natürlichere Nahrung darstellt.

Sollte dennoch Salat auf dem Futterplan stehen: Die äußeren Blätter vom Salat sind vor dem Verzehr zu entfernen, dort befinden sich die meisten Schadstoffe drin. Der Strunk ist ebenfalls zu entfernen, dieser ist stark nitrathaltig. Der Salat wird also für die Meerschweinchen genauso vorbereitet, wie wir ihn für uns vorbereiten würden. Salatabfälle, faulige oder welke Blätter dürfen nicht verfüttert werden, auch nur frischen Salat, keinen, der bereits eine Woche im Kühlschrank lag. Alle Blätter sind gut zu waschen und trocken zu machen. Bitte auch den Salat nicht kühlschrankkalt verfüttern. Salat am besten selbst anpflanzen, dann weißt Du auch, dass dieser nicht aus dem Treibhaus kommt und mit Pestiziden versetzt ist.

Wird Salat zum ersten Mal verfüttert, bitte immer nur sehr kleine Mengen einzelner Salatsorten anbieten. Wird der Salat vertragen, kann die Menge langsam gesteigert werden. Salat dient nicht als Alleinfutter oder Dauerfutter – Salat wird immer in Verbindung mit anderem frischen Gemüse/Obst gereicht. Grundsätzlich werden nur kleinere Portionen über den Tag verteilt verfüttert.

Wenn ein Tier häufiger unter Darmproblemen, Matscheköttel und Durchfall leidet, dann sollte auf Salat verzichtet werden. Ggfs. liegt aber auch eine Erkrankung des Magen-Darm-Traktes vor, hier wäre eine 3-

Tages-Kotprobe vom Tierarzt zu untersuchen. Manche Meerschweinchen neigen einfach dazu, wir haben auch solche Tiere dabei, diese brauchen im Grunde einen höheren Rohfaseranteil und weniger wasserhaltiges Frischfutter wie z.B. Salat. Die jüngeren Meerschweinchen, so unsere Erfahrung, vertragen Salat besser, bei den Senior-Schweinchen ist das wirklich magen-darm abhängig.

Salatsorte	**Calcium mg pro 100g**	**Phosphor mg pro 100g**	**Vitamin C mg pro 100g**	**Info**
Chiccoree	20	23	10	Hoher Anteil der Oxalsäure in den äußeren Blättern
Eisbergsalat	19	20	3,9	Hier gibt es bessere Salate zum Verfüttern
Endivien	50	60	10	Guter Gehalt an Mineralstoffen: Kalium, Calcium, Eisen, Phosphor, Vitamin: A, B, C. Enthält Inulin -> dieses wirkt galle- u. harntreibend sowie auch appetitanregend
Feldsalat	30	49	30	
Kopfsalat	35	30	14	Sehr wässrig
Romana/ Römer-Salat	36	45	24	Vitaminreich
Romanesco	20	54	49	K.A.
Stielmus (ähnlich Mangold)	210	28	130	K.A.

Fütterung von Kohl:

Kohl- bzw. Kohlblätter dienen bitte nicht als Alleinfutter/Dauerfutter. Dies ist auch eher ein Futtermittel für Kaninchen.
Meerschweinchen und Kaninchen haben in ihrer Urform nicht den gleichen Lebensraum, somit auch unterschiedliche Futterbedürfnisse. Meerschweinchen können ihre Gase im Darm nicht, wie wir Menschen, durch Pupsen loswerden. Deshalb sind blähende und schwerverdauliche Gemüsesorten wie Kohl nicht geeignet für den speziellen Magen-Darm-Trakt der Meerschweinchen und sollten zum Wohle der Tiere weggelassen werden.

Wir möchten Dich einfach nur sensibilisieren, da jedes Meerschweinchen individuell magen-darmmäßig darauf reagiert und Du es gut unter Beobachtung halten solltest. Aufgasungen können sehr lange dauern und Du musst bereit sein, Dein Meerschweinchen dann mindestens alle 3 Stunden zu päppeln. Aufgasungen sind lebensbedrohlich und sollten vermieden werden. Bei uns wird generell KEIN Kohl verfüttert. Es gibt andere vitamin-C-reiche Gemüsesorten, die gefüttert werden können.

Diese Kohlgewächse haben einen sehr hohen Gehalt an hochmolekularen Kohlenhydraten (*z.B. Rhamnose und Stachyose*) und wasserbindenden Ballaststoffen, dass sie roh zu einer starken Aufgasung führen können:

Rotkohl, Weißkohl, Rosenkohl, Wirsing

Diese Kohlsorten bitte **NICHT** an Meerschweinchen verfüttern

UNVERTRÄGLICHE Gemüsesorten,

die **NICHT** verfüttert werden dürfen, weil sie zu Gesundheitsschäden führen können und teilweise lebensgefährlich sind:

- Zwiebelgewächse/Lauchpflanzen: Porree, Zwiebeln, Schnittlauch.
- Kohl: Rotkohl, Weißkohl, Rosenkohl, Wirsing.
- Hülsenfrüchte: Erbsen, Linsen, Bohnen – sind sogar roh giftig.
- Rohe Kartoffeln enthalten Stärke, die für den MS-Darm kaum verdaulich ist, die grünen Stellen/Triebe sind giftig.
- Radieschen und Rettich sind scharfe Gemüse und enthalten Senföle. Wobei die Radieschen-Blätter in wenigen Mengen gefüttert werden dürfen.
- Rhabarber hat ein sehr hohen Oxalsäuregehalt und ist somit unverträglich.
- Chili, Peperoni.
- frische Pilze – hier liegen keine Erfahrungswerte vor, deshalb wird vorsichtshalber davon abgeraten.
- Das Grün der Tomaten ist giftig.

VERTRÄGLICHE Gemüsesorten, aber hier sind durchaus die Geschmäcker der Meerschweinchen sehr unterschiedlich:

Gemüse-Art	Calcium mg pro 100g	Phosphor mg pro 100g	Vitamin C mg pro 100g	Info
Aubergine	12	20	5	Unreife Früchte und das Grün enthalten Solanin, nur reife Früchte verfüttern.
Blattspinat	125	55	50	Hoher Oxalsäureanteil nur in ganz kleinen Mengen verfüttern.
Fenchel-Knolle	100	51	93	Knolle und das Grün dürfen verfüttert werden, bekömmlich bei Beschwerden des Magen-Darmtraktes. Hoher Vitamin- und Mineralstoffanteil.
Gurke	20	24	10	Schlangengurke, Salatgurke darf verfüttert werden. Bei Zuviel kann es zu Matscheköttel führen.
Kürbis	25	30	18	**KEINE ZIER- oder DEKO-KÜRBISSE** verfüttern, nur Kürbisse, die zum menschlichen Verzehr auch geeignet sind.
Mangold	100	40	35	Hoher Oxalsäuregehalt, nur wenig füttern
Möhren/ Karotte	40	30	7	Möhrengrün hat einen hohen Calciumgehalt, das nur wenig verfüttern, sonst können alle Möhrensorten (orange, gelbe + violette) gegeben werden.

Gemüse-Art	Calcium mg pro 100g	Phosphor mg pro 100g	Vitamin C mg pro 100g	Info
Pastinaken	50	70	17	Doldenblütlergewächs
Paprika: rot gelb, grün	Rot: 15 Gelb: 51 Grün 10	Rot: 35 Gelb: 26 Grün: 25	Rot: 150 Gelb: 294 Grün: 192	Strunk, weiße Stellen innen entfernen, diese enthalten Solanin.
Petersilienwurzel	60	60	41	Auch Knollenpetersilie oder Wurzelpetersilie genannt. Winterfutter. **NICHT** an trächtige Tiere verfüttern (wirkt wehentreibend).
Portulak	100	40	22	Enthält Omega-3-Fettsäuren, Vitamin B1, B2 und B6.
Radieschenblätter	K. A.	K. A.	K. A.	Nur in kleinen Mengen verfüttern, da sie Senföle enthalten, könnte die Atemwege reizen.
Rote Beete	25	38	5,1	Hoher Oxalsäureanteil, nur in geringen Mengen verfüttern. Achtung! Kann den Kot und Urin rot färben.
Knollensellerie	70	90	9	Die Knolle selbst bitte schälen, Blätter dürfen mitverfüttert werden.
Spargel	22	52	21	Stark harntreibend, nur in sehr geringen Mengen verfüttern, dann auf gute Flüssigkeitszufuhr achten.

Gemüse-Art	**Calcium mg pro 100g**	**Phos-phor mg pro 100g**	**Vitamin C mg pro 100g**	**Info**
Spinat, frischer Blattspinat	125	55	50	Hoher Oxalsäureanteil, nur in geringen Mengen verfüttern.
Steckrübe/ Kohlrübe	50	30	38	Wintergemüse, welches vitaminhaltig und nahrhaft ist.
Schwarzwurzel (siehe Spargel)	50	75	4	Nur geschält und in geringen Mengen verfüttern, wirkt sehr harntreibend.
Tomaten	13	25	22	Das Grün an den Tomaten muss entfernt werden, da es giftig ist. Ein Zuviel an Tomaten kann Durchfall verursachen.
Topinambur	10	78	4	Blätter und Blüten dürfen verfüttert werden, die Knolle enthält schwer verdauliche Stärke, sollte nicht verfüttert werden
Zucchini	23	23	16	
Maiskolben	5	120	12	Blätter sind frisch und getrocknet lecker. Die Maiskolben an sich sollten nicht verfüttert werden, sie sind ‚Dickmacher'.

Obst:

UNVERTRÄGLICHES Obst:

- Steinobst: Kirschen, Pfirsich, Pflaume, Nektarine, Mirabelle etc., all diese Obstsorten enthalten viel Zucker und können zusammen mit der Wasseraufnahme zu starken Durchfällen führen. Die Steine enthalten Amygdalin (Glycosid/Blausäure) und sollten in keinem Fall verfüttert werden.
- Exotische Früchte: Papaya, Cherimoya, Curuba, Granatapfel, Guaven, Physalis, Kumquat, Litschi, Mangos etc. können zu schweren Verdauungsstörungen führen und sollten **NICHT** gegeben werden.
- Von Avocados sollte ebenso Abstand genommen werden, da einige Sorten schwergiftig sind und unreife Avocados würden zu starkem Durchfall führen.
- Kiwi, Mandarine, Orange: Die Fruchtsäure reizt die Haut und säuert den Urin an.
- Weintrauben: Nur als Leckerchen geben, ohne Kerne, die Schale enthält viel Gerbsäure.
- Zuckermelone: Enthält viel Zucker – welches Diabetes begünstigt.

VERTRÄGLICHES Obst:

Obst-Art	Calcium mg pro 100g	Phosphor mg pro 100g	Vitamin C mg pro 100g	Info:
Äpfel	7	10	10	Nur in geringer Menge füttern, kann zu Matscheköttel führen. Keine Kerne verfüttern, diese enthalten Blausäure.
Bananen	8	28	11	Nur in kleinen Mengen geben, kann zu Verstopfung führen.
Birnen	9	15	4,5	Sehr süß, nur selten füttern und in Verbindung mit Wasser kann es zu Durchfall führen.
Brombeeren	45	30	17	Die ganz jungen Blätter haben noch keine Dornen, die pieksen und können verfüttert werden.
Cranberries	8/getr. 10	13/getr. 8	13/getr. 0,2	Enthält Flalvanole, Antioxidantien, diese wirken entzündungshemmend auf Schleimhäute im Maul und Magen. Anfällige Meeris können so auch Blasenentzündungen entgegenwirken.

Obst-Art	Calcium mg pro 100 g	Phosphor mg pro 100 g	Vitamin C mg pro 100 g	Info
Hagebutte	258	1250	257	Getrocknet oder frisch wird die Hülle der Hagebutte ohne Kerne verfüttert.
Heidelbeeren	10	13	22	Nur wenig verfüttern, max. 1-2 x in der Woche, Äste und Blatter dürfen gegeben werden.
Himbeeren	44	30	17	Nur 1-2 x in der Woche geben.
Johannisbeeren	46	40	177	Nur wenig verfüttern, max. 1-2 x in der Woche, Äste und Blatter dürfen gegeben werden.
Wassermelone	10	11	6	Nur als Leckerchen ganz selten geben.

Kräuter, Blätter und Blüten:

Wenn nicht anders angegeben, dürfen Kräuter, Blätter und Blüten frisch und getrocknet gegeben werden. In getrocknetem Zustand enthält es zumeist viel mehr Calcium und sollte dadurch getrocknet nur in kleinen Mengen gefüttert werden.

Zuerst wieder die Kräuter, Blätter und Blüten, die weniger oder gar **NICHT** verfüttert werden sollten:

- Gewöhnlicher Beifuß: Enthält einen hohen Thujongehalt.
- Borretsch: Wirkt bei massivem Verzehr leberschädigend, kann aber hin und wieder an gesunde Meerschweinchen in geringen Mengen verfüttert werden.
- Bambus – nur echter Bambus (Gartenbambus) darf verfüttert werden. Bitte kein ‚Glücksbambus‘ verfüttern, dieser ist giftig.

- Huflattich – entzündungshemmend – aber kann in großen Mengen zu Leberschäden führen.
- Klee – gerade junger Klee wirkt in großen Mengen oder bei magen-darmsensiblen Meerschweinchen stark aufgasend.
- Liebstöckel – wirkt abtreibend – nicht bei trächtigen MS verfüttern.
- Getrocknete Luzerne – hoher Calciumgehalt.
- Rosmarin – wegen der ätherischen Öle und Gerbstoffe selten und wenn nur in kleinen Mengen anbieten.
- Riesenbärenklau und Hecken-Kälberkropf sind giftig.
- Brunnenkresse – enthält atemwegsreizende Senfölglykoside, nur in ganz kleinen Mengen anbieten, wirkt leicht appetitanregend, harntreibend und stoffwechselfördernd.
- Majoran – die Blüten enthalten bis zu 4% ätherische Öle.
- Rosenblätter – die stachellosen Blätter und Blüten aus dem eigenen Garten, ungespritzt, auf keinen Fall gekaufte Rosen aus dem Laden, auch keine Bio-Rosen.
- Vogelmiere – Achtung giftiger Doppelgänger: Acker-Gauchheil (rot oder blau blühende Vogelmiere) diese ist unverträglich.

Giftiges Die hier aufgezählten Pflanzen sind schwach bis stark giftig. Teilweise können die Tiere sie in geringen Mengen fressen, ohne Probleme zu bekommen, andere Pflanzen hingegen sorgen für starke Vergiftungen. Genauere Angaben zu den einzelnen Pflanzen bekommen Sie auch im Internet: ‚Giftdatenbank'. Diese Angaben stammen aus der Quelle: www.diebrain.de	Agave, Aloe Vera (unbehandelt), Alpenveilchen, Amaryllis, Anthurie, Aronstab, Azalee, Berglorbeer, Bilsenkraut, Bingelkraut, Bittersüßer Nachtschatten, Blauregen, Bocksdorn, Bohnen, Buchsbaum, Buschwindröschen, Christrose, Christusdorn, Efeu, Eibengewächse, Einblatt, Eisenhut, Essigbaum, Farne, Fensterblatt, Fingerhut, Gartenwicken, Geranien, Ginster, Glücksbambus (Dracanea), Goldregen, Gundermann, Hahnenfuß, Hartriegel, Heckenkirsche, Herbstzeitlose, Holunder, Hundspetersilie, Hyazinthe, Ilex, Jakobsgreiskraut, Kalla, Kartoffelkraut, Kirschlorbeer, Lebensbaum, Liguster, Lilien, Lonicera, Lupine, Maiglöckchen, Mistel, Narzissen, Oleander, Osterglocke, Primel, Rebendolde, Riesenbärenklau, Robinie, Sadebaum, Sauerklee, Schachtelhalm, Schierling, Schneebeere, Schneeglöckchen, Schöllkraut, Seidelbast, Sommerflieder, Stechapfel, Tollkirsche, Wacholder, Weihnachtsstern, Wolfsmilchgewächse (alle), Wunderstrauch, Zypressenwolfsmilch.

Ich habe nun die geläufigsten **Kräuter, Blätter und Blüten** aufgelistet, die auch die meisten Menschen kennen.

Generell ist darauf zu achten, dass die Kräuter, Blüten und Blätter nicht an stark befahrenen Straßen gesammelt werden oder die Pflanzen mit Pflanzenschutzmitteln behandelt oder stark gedüngt wurden.

Auch hier haben die Meerschweinchen natürlich ihre Vorlieben, was sie besonders gerne mögen. Es gäbe noch mehr Kräuter, Blüten und Blätter, leider kennen sich heutzutage die wenigstens Menschen mit Pflanzenkunde aus und es gibt eben auch sich ähnelnde Pflanzen, die aber ungenießbar/giftig sind. Deshalb sollten Sie sich, wenn Sie auch weitere Pflanzen als Futter für die Meerschweinchen einsetzen wollen, eingehend mit der Pflanzenkunde auseinandersetzen.

Kräuter Blätter Blüten	Calcium mg pro 100g frisch/ getrocknet	Phosphor mg pro 100g frisch/ getrocknet	Vitamin C mg pro 100g frisch/ getrocknet	Info:
Basilikum	86/369	490/ 2113	10,7/61	Hilft bei Verdauungsbeschwerden, krampflösend, appetitanregend und beruhigend, aber nur in kleinen Mengen wegen des Estragolgehaltes geben
Brennnessel	Getr/ 1078	Getr/ 647	Getr/ 377,4	Getrocknet füttern, wirkt harntreibend und blutdrucksenkend – auf Flüssigkeitszufuhr achten
Brombeerblätter	KA	KA	KA	Nur die ganz jungen Blätter verfüttern, ohne Stacheln, stark gerbsäurehaltig
Dill/Gartendill	230/ 1343	85/496	50/ 116,8	Lindert Blähungen, wirkt verdauungsfördernd, appetitanregend und regt die Milchbildung an

Kräuter Blätter Blüten	**Calcium mg pro 100g frisch/ getrock-net**	**Phosphor mg pro 100g frisch/ getrock-net**	**Vitamin C mg pro 100g frisch/ getrock-net**	**Info:**
Gänse-blümchen	190	88	87	Unterstützt den Heilungsprozess bei Lungenerkrankungen, wirkt leicht abführend.
Gras frisch	80	72	114	Die MS langsam an Gras mit kleinen Portionen gewöhnen, darf bedenkenlos angeboten werden, bitte ungedüngt.
Haselnuss-blätter	K.A.	K.A.	K.A.	
Hibiskus	K.A.	K.A.	K.A.	Blätter und Blüten dürfen frisch und getrocknet gegeben werden.
Johannis-beerblätter	K.A.	K.A.	K.A.	
Kamille	K.A.	K.A.	K.A.	Wirkt bei Verdauungsbeschwerden.
Kornblu-men	K.A.	K.A.	K.A.	Komplette Pflanze mit den Blüten darf gegeben werden.
Löwenzahn	170/ 1164	70/479	30/82,2	Wirkt harntreibend und appetitanregend, möglich, dass sich der Urin rötlich färbt
Wilde, frische Malve	350/ 200	50/95	10/178	

Kräuter Blätter Blüten	**Calcium mg pro 100 g frisch/ getrocknet**	**Phosphor mg pro 100 g frisch/ getrocknet**	**Vitamin C mg pro 100 g frisch/ getrocknet**	**Info:**
Zitronen-melisse	150/ 1056	50/352	45/ 126,7	Bei Blähungen unterstützend geben, wirkt krampfstillend und magenstärkend.
Oregano	264/1576	34/200	10/60	Soll bei Kokzidiose helfen. Wirkt lindernd bei Verdauungsbeschwerden, nur in kleinen Mengen geben, das Carvacrol wirkt entzündungshemmend.
Petersilie	250/1847	130/960	160/472,8	Wirkt harntreibend und wehenfördernd – nicht an trächtige MS verfüttern.
Pfefferminzblätter	Frisch:150	Frisch: 50	Frisch: 45	Hilfreiche Unterstützung bei Magen-Darmproblemen, wirkt entkrampfend, durchblutungsfördernd und soll den Gallenfluss anregen.
Ringelblumenblüten	KA	KA	KA	
Sonnenblumenblüten	KA	KA	KA	Pflanze und Blütenblätter, Kerne, nur wenige füttern.
Spitzwegerich	KA	KA	KA	Lindert Verdauungsbeschwerden, wirkt entzündungshemmend, ausschwemmend bei Nieren- und Blasenproblemen, - als Tee bei Erkältungskrankheiten.

Kräuter Blätter Blüten	Calcium mg pro 100g frisch/ getrocknet	Phosphor mg pro 100g frisch/ getrocknet	Vitamin C mg pro 100g frisch/ getrocknet	Info:
Thymian vulgaris	300/1800	35/200	9/50	Hoher Anteil ätherischer Öle, deshalb nur in kleinen Mengen geben.
Wiesensalbei	270	15	5	Verträglicher als Küchensalbei.

K.A.: Keine Angabe, diese Werte sind nicht bekannt, was aber nicht bedeutet, dass hier kein Calcium/Phosphor/Vitamin C vorhanden ist.

Zweige:

NICHT verfüttern:

Blätter, Rinde und Kerne von Steinobst: Kirsche, Pflaume, Pfirsich etc. enthalten Amygdalin, das durch enzymatische Aufspaltung zu Blausäure wird – sollten nicht verfüttert werden.

Thuja, Zypressen sowie die Eibe sind giftig. Kastanie enthält verschiedene darmreizende Wirkstoffe. Eichen enthalten einen sehr hohen Anteil an Tanninen und sind giftig. Die Kastanien und Eicheln als Früchte sind unverträglich.
Nicht alle Esche-Arten sind geeignet, Früchte, Beeren und Knospen dürfen gar nicht verfüttert werden.

In kleinen Mengen verträgliche Zweige/Blätter:

- Ahorn – ohne Knospen/Blüten.
- Buche – Blätter sind stark oxalsäurenhaltig.
- Erle – nur in kleinen Mengen geben.
- Fichte – hoher Anteil ätherischer Öle.
- Hainbuche – hoher Gerbsäureanteil, sehr pilzanfällig.

- Kiefer – hoher Anteil ätherischer Öle.
- Linde – stark harntreibend.
- Pappel – nur kleine Mengen geben.
- Quitte – hoher Gerbstoffanteil in den Ästen, die Früchte sind unverträglich.
- Tanne – nur echte Tannen: Weißtanne, Edeltanne, Nordmanntanne sind verträglich, hoher Anteil ätherischer Öle, nur wenig geben. Keine Weihnachtsbäume verfüttern, die sind gespritzt und damit giftig.
- Ulme – Blätter und Äste sind verträglich, die Früchte bitte nicht füttern, sie könnten den Darmtrakt reizen.
- Weide – enthält viel Gerbsäure, nur in kleinen Mengen geben.

Zweige, die unbedenklich gefüttert werden dürfen:

Zweige	**Info**
Apfelbaum	Kann unbedenklich gegeben werden
Birnbaum	Kann unbedenklich gegeben werden
Haselnuss-Strauch	Kann unbedenklich gegeben werden
Heidelbeerbusch	Kann unbedenklich gegeben werden
Johannisbeerbusch	Kann unbedenklich gegeben werden

Einige Passagen sowie die Angaben über Calcium/Phosphor/Vitamin-C-Gehalt wurden von www.diebrain.de übernommen.

Auch die Menge des Frischfutters ist sehr wichtig, denn auch ein ZUVIEL an Frischfutter bedeutet, dass die Meerschweinchen weniger Heu fressen. Das Wichtigste ist sehr gutes Heu, das den Meeris immer in guter Qualität und sauber zur Verfügung zu stehen hat.
Aber auch getrocknete Blüten und Blätter.
Bezugsquellen für die getrockneten Kräuter, Blüten und Blätter: hinten im Buch.

Der Meerschweinchen-Check

Die allerwichtigste Gesundheitsvorsorge ist der wöchentliche Meerschweinchen-Check, denn schon allein am Gewicht lässt sich feststellen, ob etwas nicht in Ordnung ist. Der Check ist das ‚A und O' für ein schnelles Erkennen von Krankheiten und entsprechendes Handeln.
Denn Du, als Mensch, hast die Tiere in Deiner Obhut und bist für ihr Wohlergehen verantwortlich. Einige Informationen aus diesem Buch findest Du ebenfalls in meinem Buch ‚Meerschweinchen … was uns glücklich macht!' ISBN 978-3-942802-840. Da dies auch hier von Wichtigkeit ist, übernahm ich folgende Informationen.
IMMER sollte das Meerschweinchen dem Tierarzt/in vorgestellt werden, um eine genaue Diagnose zu haben und dann kannst Du, zusätzlich zur Tierarzt-Medizin, Deinem Meerschweinchen auch mit den alternativen Möglichkeiten helfen, schneller gesund zu werden.

Tierärztliche Medikamente und naturheilkundliche Alternativen bitte immer in zeitversetzer Gabe dem Meerschweinchen geben!

Warum, wieso und weshalb ist dieser regelmäßige Check so wichtig?

Das möchte ich Dir gern näher erläutern.
Meerschweinchen sind Fluchttiere und sie haben ihre Urinstinkte, trotz Züchtung, nicht verloren. Das heißt, in der Natur würde ein Meerschweinchen, das krank ist und dieses sichtbar zeigt, leichte Beute für Fressfeinde werden. Im Gegenteil zu Hunden und Katzen, welche Fleischfresser und Jäger sind, sind die Meerschweinchen Veganer und eher das Beutetier. Ein krankes Meerschweinchen würde in der Natur auch ggfs. aus dem Rudel verstoßen werden, weil es für das Rudel eine erhebliche Gefahr darstellt. Somit verbirgt das Meerschweinchen seine Krankheit bis es nicht mehr geht, und dann ist es für eine Behandlung schon fast zu spät.

Außerdem kann man durch das Fell sehr schlecht den gesundheitlichen Zustand, z.B. das Gewicht, einschätzen. Anhand des Gewichtes kann man aber schon sehr gut feststellen, ob das Meerschweinchen krank ist. Nicht größer als 20g sollte der Unterschied zwischen dem wöchentlichen Wiegen sein, ist es mehr, also zwischen 50-100g oder höher, ist dies ein absolutes Alarmzeichen und das Meerschweinchen muss SOFORT dem Tierarzt/in vorgestellt werden, denn Du bist für die Gesundheit und das Wohlergehen des Dir anvertrauten Meerschweinchenlebens verantwortlich. Auch eine schleichende Gewichtsabnahme über längere Zeit ist ein Krankheitsanzeichen.

Zur Ausstattung eines Meerschweinchen-Checks gehören folgende Utensilien:

Eine digitale Waage mit einem entsprechend hohen und großen Behältnis, wo das Meerschweinchen nicht herausspringen kann. Angenehm ist es noch, wenn ein kleines Handtuch drin liegt, es eignen sich auch höhere, größere Kartons dazu. Solltest Du noch sehr ängstliche bzw. junge Meerschweinchen haben, die den Schweinchen-Check noch nicht gewohnt sind, ist es ratsam, die Waage inkl. des Behältnisses auf den Boden zu stellen, um ein Herausspringen und ggfs. vom Tisch fallendes Meerschweinchen zu verhindern.

Ein Stethoskop, ja denn auch das Herz, die ‚Maschine' des Meerschweinchens sollte abgehört werden. Mit der Zeit bekommst Du ein Gefühl für den Herzschlag/Rhythmus für jedes Deiner Meerschweinchen, es ist eine Übungssache, das Herz immer wieder wöchentlich abzuhören. Ich gehe auf das Abhören des Herzens später noch genauer ein. Auch hört man viel eher die Atemnebengeräusche (verschärfte Atmung), die ggfs. schon auf eine beginnende Erkältung hinweisen können, noch bevor Du es optisch durch eine feuchte Nase oder Niesen hörst/siehst.

Bezugsquelle: Stethoskop steht hinten im Buch.

Eine Krallenschere, und falls mal ein Blutgefäß getroffen wird, dann kann die Krallenspitze mit Hametum-Salbe (Hamamelis) gesalbt werden. **Eine Kniepinzette,** um das Fell zu kontrollieren. Denn mit der Kniepinzette kann man schichtweise das Fell zur Seite heben und sich die Haut anschauen, ob es dort Unregelmäßigkeiten wie z.B. Milben, kahle Stellen oder Wunden gibt.

- eine Taschenlampe,
- ein feuchtes, weiches Tuch,
- Wattestäbchen,
- eine Lupe,
- ein kleiner Spiegel,
- eine Fellschere mit abgerundeten Kanten,
- Babyöl,
- Kniepinzette,
- Krallenschere und ein größeres Trockentuch,
- ein Stethoskop,
- Klebestreifen für den Klebestreifen-Abklatsch,
- ein Handtuch oder eine urindichte Decke, wo das Meerschweinchen drauf sitzen kann.

Der Umwelt zuliebe:

Bitte Wattestäbchen (sonst aus Plastik) nur mit umweltfreundlichem Papierschaft und aus Bio-Baumwolle benutzen!

Gesundheitscheckliste für die Meerschweinchen:

1 x wöchentlich, vorzugsweise immer am gleichen Tag und zur gleichen Zeit (entweder vor oder nach der Fütterung).
Am Gewicht kann auch der Gesundheitszustand festgestellt werden (nicht mehr als 20-30g Abweichung).
Wenn Du Dir anfänglich noch unsicher bist, lass Dir bitte helfen.
Den Gesundheitscheck kannst Du zusammen mit einer Freundin, Freund, Eltern oder Partner/in machen. Mache dann den Gesundheitscheck lieber auf dem Boden und nicht auf dem Tisch, denn die Tiere könnten sich bei hektischen oder unbedachten Bewegungen erschrecken und vom Tisch fallen oder springen.
Lege zuvor alles bereit, was Du dafür brauchst, dann geht es schneller.

Die Meerschweinchen werden wohl kaum freiwillig zum Gesundheitscheck antreten, Du wirst sie einfangen dürfen, aber sie lernen, dass es für sie nicht gefährlich ist.

Einige Tage bevor der erste Gesundheitscheck ansteht, solltest Du den Meerschweinchen immer wieder ein Stückchen Gurke aus Deiner Hand anbieten. Die Meeris sind mit Futter sehr bestechlich und der Duft von einem Stückchen Gurke lässt sie neugierig herankommen. Vielleicht nehmen sie die Gurke nicht direkt beim ersten Mal, versuche es immer wieder und sei selbst ganz ruhig dabei.
Wenn Du die Meerschweinchen dann das erste Mal herausnimmst, mache dies bitte langsam, versuche nicht mit der Hand von oben nach ihnen zu greifen, dann haben sie Angst. Das ist so ähnlich, als würde sie ein Greifvogel oder ein anderes Raubtier packen, hier brauchst Du Einfühlungsvermögen und Geduld.

- Was passiert mit uns?
- Wo ist unser Rudel?
- Werden wir jetzt gefressen?

Sprich dann ganz ruhig mit ihnen und habe auch ganz viel Geduld und Zeit. Es ist gut möglich, dass das ein oder andere Meerscheinchen schon mal schlechte Erfahrungen mit Menschen gemacht hat, dann brauchen sie noch viel Zeit, ehe sie zutraulicher werden.

Sie hätten gern auch schöne Namen, also bitte keine Schimpfwörter, denn wenn Du sie ganz oft beim Namen rufst und ihnen dabei noch ein Stück Gurke hinhältst, dann lernen sie schon auf ihren Namen zu hören. Denke immer daran: Sie sind Fluchttiere, ihr Überleben hängt davon ab, vor Fressfeinden und fremden Geräuschen zu flüchten.
Und gib ihnen nach dem Gesundheitsscheck auch wieder ein Stückchen Gurke, als Belohnung, damit der Check für sie mit etwas Positiven abschließt.

Liste für den wöchentlichen Gesundheits-Check:

Körperteil:	Was ist zu tun?
Gewicht-Futterzustand	Wiegen und Gewicht notieren Rippen und Wirbelsäule fühlen, vorsichtig bitte
Ohren	Schmutz-Absonderungen vorsichtig reinigen, mit der Lupe schauen, ob Ohrmilben dort ansässig sind (US-Teddys neigen dazu)
Augen	Vorsichtig unter die Lider sehen Hornhaut betrachten (Taschenlampe/Lupe), sind Schleier auf dem Auge? Stehen beide Augen gleich weit vor? Tränt es? Wird es zugekniffen?
Herz	Mit Stethoskop abhören, ob Nebengeräusche zu hören sind, schlägt das Herz im gleichmäßigem Rhythmus? Hat das Meeri starke Flankenatmung?
Atmung	Hört man im Stethoskop eine verschärfte Atmung, röcheln?
Nase	Feuchte Absonderungen oder verklebt (Schnupfen, muss TA behandeln)
Lippen	Krusten muss der TA behandeln
Kiefer	Rund um den Kiefer abtasten, ob dort Schwellungen/-Abszesse sind
Hals	Nach verdickten Lymphknoten tasten
Vorderzähne	Kanten und Form in Ordnung? Zwischenräume sauber, auch von hinten betrachtet Zahnfleischrand sauber? Mit dem Wattestäbchen kurz ins Mäulchen gehen und wenn der Futterbrei dann ziemlich stinkt, wäre es möglich, dass dies ein Indiz für ein Zahnproblem ist, vorsorglich die Zähne beim Tierarzt kontrollieren lassen

Pfoten – Ballen	Ggfs. Krallen schneiden und Datum aufschreiben, Ballen ansehen mit einem kleinen Taschenspiegel, ob sauber oder mit Kotresten verklebt, diese sind vorsichtig mit Baby Öl zu lösen.
Popo – Penis und Perinealtasche	Sauber? Mit Kot verschmiert – dann Durchfall, Perinealtasche, Penis säubern.
Kaudaldrüse – über dem Po	Sie sondert Duftstoffe ab, die die MS, wenn sie mit dem Po über den Boden gleiten, verteilen. Die Kaudaldrüse kann durch das Sekret verkleben. Wenn es nicht gereinigt wird, können dort Kaudalabszesse/Tumore entstehen.
Haut/Fell (mit einer Kniepinzette kann man das Fell sehr gut untersuchen)	Schuppen, Krusten, Parasiten, Knoten, Verdickungen? Ggfs. Klebestreifen-Abklatsch machen. Der TA kann bei Veränderungen auch mit der Woodschen-Lampe schauen oder ein Hautgeschabsel nehmen, um im Labor eine Kultur anlegen zu lassen.
Bauch – u. a. Klopftest wegen Aufgasung	Gebläht? Bauchdecke hart? Klopftest – an der linken Flanke sitzt der Blinddarm, wenn dort leicht geklopft wird und es hört sich hohl an, dann ist das Meeri aufgegast – sofort ist der Tierarzt aufzusuchen.
Ganzer Körper	Nach Veränderungen abtasten.
Zitzen	Nach Verdickungen, Knoten abtasten.
Lymphdrüsen	Sitzen unter den ‚Achseln' der Vorder- und Hinterbeine, sollten diese verdickt sein, bitte zum TA.

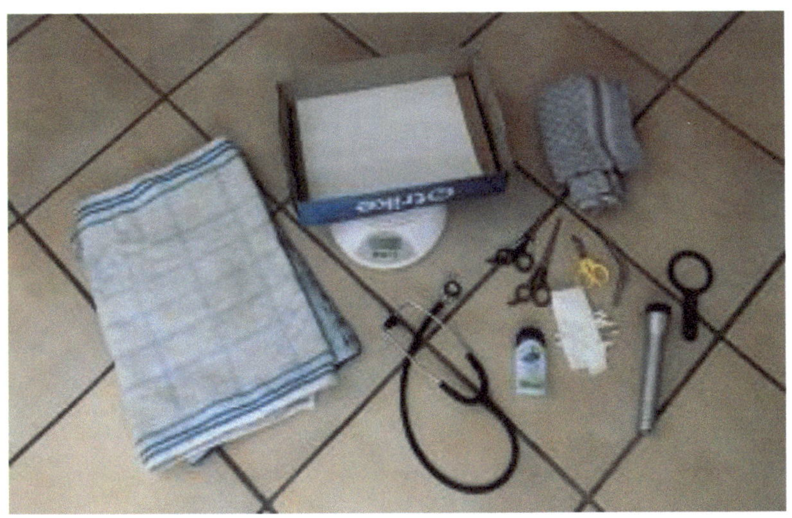

Datum festhalten, wann Krallen/Fell geschnitten wurden, Gewicht notieren, sonstige Auffälligkeiten.
(Quelle: Ratgeber Meerschweinchenhilfe)

Ein Beispiel:

Datum	**Name:**
19.04.12	Cindy: rechtes Auge tränt, Nase feucht = Erkältung TA aufsuchen, Fell geschnitten.
19.04.12	Lilli: rechtes Auge, weißer Schleier und rote Äderchen; Augenverletzung durch Heu, Tierarzt! Muss versorgt werden, sonst bleibender Schaden.
19.04.12	Teddy: humpelt, linkes Hinterbein, abgetastet, vermutlich versprungen, Tierarzt vorstellen.

Meerschweinchen nicht baden!! Sie können sich eine Lungenentzündung holen.

Fellpflege und Haut

Die Meerschweinchen verlieren das ganze Jahr über Fell, sie haben keinen generellen Fellwechsel.

Wie der Mensch seine Haare pflegt, braucht das Fell auch Pflege. Da sie nicht schwitzen können, ist es gerade in den Sommermonaten wichtig, den Langhaar-Meeris eine flotte Kurzhaarfrisur zu verpassen, damit Luft an die Haut kommt.

Die Meerschweinchen haben nämlich nur an den Pfoten Schweißdrüsen, sonst können sie nicht schwitzen. Sie würden einfach einen Hitzschlag bekommen und tot umfallen.

Wenn das Fell zu lang ist, verfilzt es oft und Parasiten und Pilze könnten sich darin einnisten.

Sei bitte vorsichtig mit der Fellschere, kaufe eine abgerundete Schere und schneidet das Fell zu zweit, einer hält das Meerschweinchen fest, der andere schneidet vorsichtig das Fell. Außerdem sitzen sie nicht unbedingt still auf dem Schoß, sondern drehen und wenden sich, weil ihnen das nicht gefällt und die Schere ziept dann auch noch.

Verfilzte Stellen, zumeist am Po und an der Kaudaldrüse, bitte ganz vorsichtig wegschneiden, sollte es zu schwierig sein, dann ggfs. auch versuchen, es mit den Fingern rauszudrehen/zupfen. Die Kaudaldrüse kann durch das Sekret feucht sein und das Fell verklebt dort auch ganz gern (mit Babyöl kannst Du die Verkrustungen einweichen und bekommst sie besser ab). Macht auch dies zu zweit, denn die Meeris werden es nicht sonderlich mögen. Besonders bei älteren Meeris besteht das Risiko, durch Urinieren ein dauerhaft feuchtes Fell zu haben. Das kann zu wunden Stellen führen, die für das Meerschweinchen sicherlich schmerzhaft sind. Wenn der Po oft oder immer feucht ist, sollte das Meerschweinchen auf eine Blasenentzündung (Blasengrieß/Blasenstein) vom Tierarzt untersucht werden.

Meeri-Dame Hope
vor dem Fellschnitt

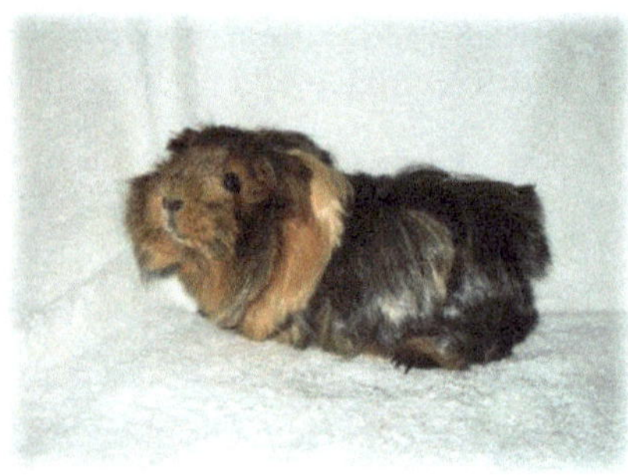

Meeri-Dame Hope
nach dem Fellschnitt
Meeri-Dame Hope mit ihrer neuen Frisur im Frühjahr. Im Sommer wird das Fell noch kürzer geschnitten, praktisch wie ein Kurzhaar-Meeri.

Das Fell und die Haut auch immer nach Milben, Haarlingen, Grasmilben, Räudemilben oder Grabmilben nachschauen. Die Grabmilben hinterlassen nur ein paar Einstiche, da sie dann unter der Haut leben und man äußerlich kaum etwas sieht, nur der vermehrte Juckreiz ist vorhanden. Wenn es unbehandelt bleibt, kann es zu epileptischen Anfällen führen. Deshalb bleibt hartnäckig und sucht mit dem Tierarzt die Ursache. Bei vermehrtem Juckreiz und wenn äußerlich nichts sichtbar ist, dann sollte man an die Grabmilben denken. Grabmilben werden zumeist tierärztlich mit einem Spot on, z.B. Stronghold, behandelt. Sonst kann der Tierarzt wegen Parasiten die Woodsche-Lampe, Hautgeschabsel zur Anlegung einer Pilzkultur entnehmen, um genau zu wissen, um welchen Hautpilz es sich handelt oder auch ein Klebestreifen-Abklatsch gemacht werden. Auch Grützbeutel (Atherome: Talgknoten, der mit einem stinkenden, klebenden Sekret gefüllt ist) sind häufiger unter der Haut. Wenn der

Grützbeutel reif ist, öffnet er sich und es kommt ein übelriechendes, klebriges Sekret hervor. Man kann es ausdrücken (es wird dem Meeri nicht gefallen) und mit einer desinfizierenden Lösung oder Salbe behandeln, aber die Grütze darin wird sich wieder neu bilden. Im Grunde würde nur eine operative Entfernung nutzen, was aber nicht mehr bei allen Meerschweinchen, alters- und krankheitsbedingt möglich ist. Teddy, Kastrat im Gnadenhof-Rudel, hat so einen Grützbeutel, der ungeschickt über dem rechten Vorderbein saß und Teddy auch öfters daran juckte und biss. Da Teddy (5,5 Jahre) ein Herzproblem hat, möchte ich ihn nicht mehr in Narkose legen lassen. Ich drückte (mit gewaschenen und desinfizierten Händen) den Grützbeutel an zwei drauffolgenden Tagen aus, desinfizierte diesen und salbte einige Tage noch mit der **Kolloidalen Siber Salbe.** Momentan ist der Knoten sehr klein und bedarf keiner weiteren Behandlung, nur gute Beobachtung und darauf achten, dass das Fell um den Knoten herum immer kurzgehalten wird. Die dunklen Stellen auf dem Foto sind die Krusten, die ich so lasse, bis sie von selbst abfallen.

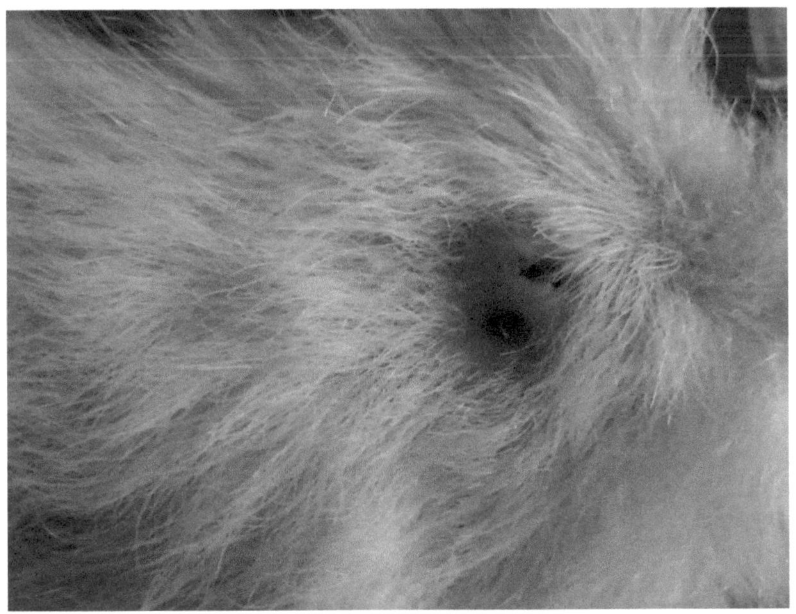

Krallenpflege

Die Krallen müssen auch regelmäßig geschnitten werden, damit sie nicht krumm und schief wachsen, sie womöglich noch in die Pfote einwachsen und Entzündungen/Schmerzen verursachen.

Das macht man mit einer handelsüblichen Krallenschere.

ABER VORSICHT: In den Krallen sind Blutgefäße. Damit es einfacher ist, kannst Du mit einer Taschenlampe unter die Krallen leuchten, dann siehst Du, wo die Blutgefäße herlaufen.

Macht das am besten zu zweit, einer hält fest und der andere leuchtet mit der Taschenlampe und schneidet die Krallen. Sollte dennoch mal etwas passieren, ist es ratsam Bepanthen Wund- und Heilsalbe oder Hametumsalbe im Haus zu haben. Der Tierarzt schneidet aber auch gern fachmännisch die Krallen.

Quelle: Ratgeber der Meerschweinchenhilfe

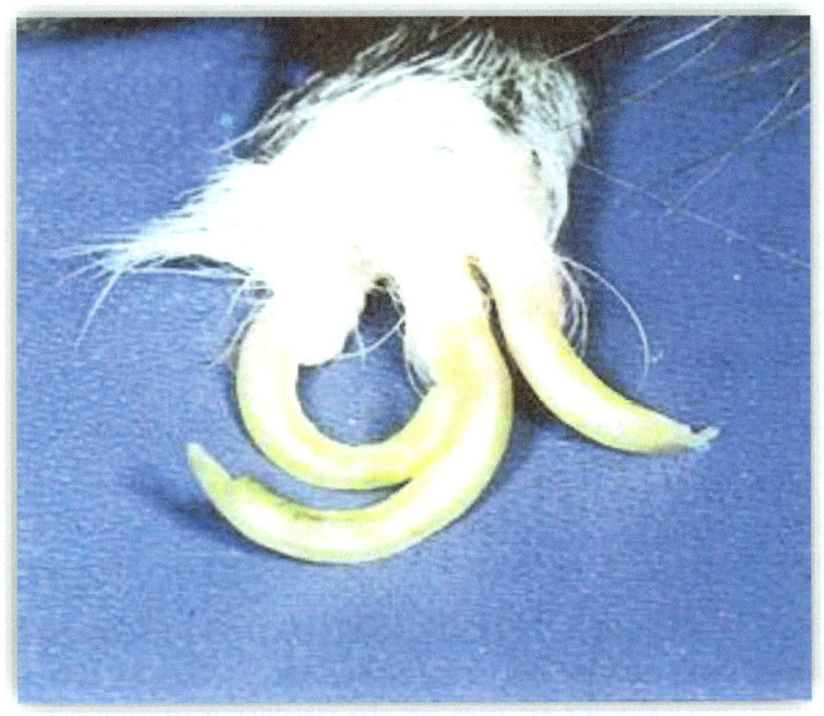

Quelle: Ilse Hamel
Das Meerschweinchen als Patient

Das Bild zeigt extremes Krallenwachstum an den Hinter-Extremitäten aufgrund von mangelnder Pflege.

DAS PÄPPELN -
Zwangsernährung von kranken Meerschweinchen

Ist ein Meerschweinchen krank, egal aus welchem Grund, und es nimmt weniger oder gar kein Frischfutter/Heu mehr selbstständig auf, ist **SOFORT** mit dem Zufüttern/Päppeln anzufangen, da sonst in Kürze die ganze Verdauung zum Stillstand käme und das Meerschweinchen sterben muss.
Erkrankte Meerschweinchen bitte 2 x am Tag wiegen, zur gleichen Zeit vor oder nach der Fütterung/Päppeln und das Gewicht notieren.

Da die Geschmäcker der Meeris sehr unterschiedlich sind, stehen mittlerweile auch diverse Zufütterungs-Substanzen zur Verfügung. Hier heißt es auch ausprobieren, welches das erkrankte Meerschweinchen nehmen mag. Der Päppelbrei kann auch mit ein wenig Baby-Biobrei, Frühkarotte, schmackhafter gemacht werden, auch eine Messerspitze Vitamin C (reine Ascorbinsäure) ist unter den Brei zu mischen. Meerschweinchen bilden, wie wir Menschen, das Vitamin C nicht selbst.

Die Vitamin-C-Gabe über das Trinkwasser ist nicht zu empfehlen, da nicht sichergestellt ist, ob das erkrankte Meerschweinchen überhaupt noch selbst Wasser trinken geht.

Diese Auswahl der Möglichkeiten gibt es:

- Critical Care
- Critical Care fine Grind
- Rodi Care instant
- Herbi Care plus

Das jeweilige Pulver wird mit etwas warmem Wasser angerührt, dann bitte abkühlen lassen und möglichst pro Päppelgang 10-15ml zufüttern. Dies mache ich mit den dünnen, grünen 1,0ml-Spritzen, die kein Gummi haben. An dem Gummi bleibt der Brei kleben und die Spritze ist nach kurzer Zeit nicht mehr benutzbar.

Die grünen Spritzen (Fa. Braun: Injekt-F Solo Feindosierspritzen 1ml, PZN: 0896456 (ohne Nadel) gibt es im Internet auch im 100er-Pack zu bestellen. Die Spritze wird dann seitlich am Mäulchen eingeführt. Bitte sehr langsam füttern, denn, wenn sich das Meerschweinchen verschluckt (Meeris können nicht erbrechen) kann es am Brei ersticken oder der Brei gerät über die Luftröhre in die Lunge, und dort entsteht Wasser, welches dann zum Tod führen kann.

Also nimm Dir immer reichlich Zeit zum Päppeln, sprich leise mit Deinem kranken Meerschweinchen. Sollte es sich schlecht päppeln lassen, dann nimm bitte auch nur 0,5ml, also mache nur die Hälfte der Spritze voll und warte, bis das Meerschweinchen aufgekaut hat, bis Du weiter päppelst. Ja, das kostet sehr viel Zeit.

Nach je 5,0ml Brei sollte 1ml Wasser (da sie oft bei Krankheit selbst kein Wasser trinken) oder besser noch der abgekühlte Heiltee zur jeweiligen Erkrankung gegeben werden. Bitte nach dem Päppeln dem Meerschweinchen das Mäulchen und den Hals feucht abwischen, zumeist läuft immer etwas Päppelbrei runter und verklebt sonst das Fell. Zähne unbedingt, bei mäkeligem Fressen, vom Tierarzt untersuchen lassen, da sie den Abrieb nicht mehr haben, sie können sich innerhalb von 3-4 Tagen schon verändern.

Heiltees, die die Genesung unterstützen können:

Aufgasungen: 1-2-3 Bäuchlein-Bär-Tee (Fenchel, Anis, Kümmel-Extrakt) für Kinder, ohne Zucker etc. von der Fa. Sidroga PZN:09082324.
Blasengrieß: Blasen- und Nierentee (die Akzeptanz ist beim Meeri sehr gut), auch Birkentee und Zinnkrauttee wirken entwässernd.
Dampfbäder: Kamillentee sowie Husten- und Bronchialtee
Durchfall: Schwarzer Tee, nicht länger als 3 Tage geben
Erkältungen: Lindenblütentee, Kamillentee, Echinaceatee
Harnwegsinfektionen: Brennesseltee, Blasen- und Nierentee
Herzerkrankungen: Weißdorntee
Leber/Galle: Leber- und Gallentee
Magenprobleme: Pfefferminztee
Rachenentzündungen/Maulschleimhaut: Salbeitee

Mein Meerschweinchen ist krank

Was nun? - Was ist zu tun?

Der Transport zum Tierarzt:

Meist werden die Meerschweinchen an Wochenenden, feiertags, abends oder nachts krank und der reguläre Tierarzt/in ist nicht in der Praxis, deshalb bitte immer für den Notfall die Telefonnummer der nächsten Tierklinik (die einen 24-Stunden-Notdienst anbieten) oder notdiensthabenden Tierarzt (steht zumeist in der örtlichen Zeitung), sichtbar z.B. an den Dielenspiegel oder von innen an die Wohnungstüre hängen, um direkt handeln zu können.

Zuerst möchte ich darüber berichten, was ich im Wartezimmer der Tierärzte so erlebe über die Transportmöglichkeiten von Kleintieren, speziell von Meerschweinchen. Da sträuben sich mir meine Nackenhaare. Kartons, Curverboxen und Plastikeinkaufskörbe.
So sollte der richtige und sichere Transport für die Meeerschweinchen aussehen:

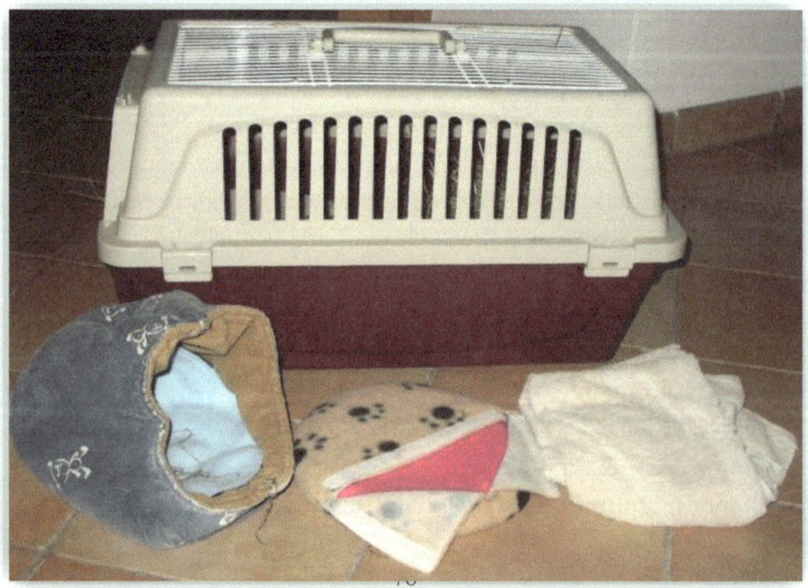

Die Transportbox hat auf einer Seite eine Gittertüre, die zu öffnen ist. Lege ein Handtuch unten in den Caddy und darüber noch eine Fleecedecke sowie ein Kuschelsack oder wie hier auf dem Bild einen Kuschelschuh und etwas Heu zum Knabbern, das lenkt das Meerschweinchen ab. Im Winter sollte unter die Fleecedecke ein Snuggle-Safe (Wärmekissen) gelegt werden, um das Meerschweinchen vor kalten Temperaturen zu schützen. Im Sommer hingegen kann man unter die Decken Coldpacks legen, bitte immer so, dass die Tiere nicht drankommen und sich verletzen können.

Dann decke die Transportbox mit einem Handtuch ab. Ich habe einfach ein altes Handtuch zweckentfremdet und ein Loch für den Griff hineingeschnitten, sodass das Meerschweinchen auch vor Zugluft (z.B. im Auto die Klimaanlage) geschützt ist. Die Transportbox kann auf den Beifahrersitz oder die Rückbank gestellt werden und mit dem Anschnallgurt durch den Caddy-Griff gesichert werden, damit die Transportbox bei heftigem Bremsen nicht im Auto herumfliegt.

Eine Transportbox sollte für den Notfall immer griffbereit fertig ausgestattet bereitstehen.

Sollte ein Meerschweinchen besonders ängstlich sein, kannst Du **Bach-Rescue-Tropfen** (ohne Alkohol) oder **Bach-Rescue-Globuli** geben, es beruhigt die Tiere.

Ich versuche die Erkrankungen so einfach wie möglich zu beschreiben, ohne viele Fremdwörter einzusetzen, damit es für jeden Meerschweinchen-Halter verständlich ist. Gründe der Erkrankung, aber auch, dass hinterfragt wird, warum und was darf geändert/verändert werden.
Bei einigen alternativen Behandlungen beschreibe ich es genauer, bei anderen benenne ich die Quelle (Internet, Buch etc.), da es zu aufwendig wäre, z.B. die Grundsätze der Homöopathie sowie Schüssler-Salze und deren Potenzierung zu beschreiben, dafür gibt es reichlich Literatur.
Ein wichtiger Hinweis: Lasse Dir niemals Penicillin vom Tierarzt geben oder sei nicht damit einverstanden, dass es gespritzt wird, es ist **NICHT** verträglich für Meerschweinchen.

Schaue Dir Dein erkranktes Meerschweinchen genau an … die Vorerkrankungen etc.

In den vielen Jahren der Meerschweinchen-Pflegestelle habe ich es mir zu Eigen gemacht, das kranke Meerschweinchen im Ganzen zu betrachten. Das heißt, ich führe über die Erkrankungen jedes Meeri ‚Buch', jedes Meeri hat sein eigenes Heft. Hieraus geht hervor, an welcher Erkrankung welche Meeris leiden – auch Medikamente naturheilkundlicher Art und Dauer der Gabe sind darin zu lesen.
Treten dieselben Erkrankungen immer wieder auf, sollte hier der Ursache auf den Grund gegangen werden. Z.B. bei Matscheköttel ist die Ernährung kritisch auf den Prüfstand zu nehmen, dies gilt auch bei Aufgasungen des Magen-Darmtraktes (3-Tages-Kotprobe).
Aber immer ist auch eine schnelle Gewichtszunahme im Auge zu behalten, z.B. auch im Hinblick auf Operationen, denn da könnte das Herz bei einer Narkose schlappmachen.
Ich spreche aus Erfahrung, aber dazu später die Geschichte.
Wenn Operationen geplant sind, sollte das Meerschweinchen vorab alle relevanten tierärztlichen Untersuchungen bekommen, das heißt, ein großes Blutbild zeigt, wie die Leber-, Nieren- und Entzündungswerte sind,

denn das Narkosemittel wird über die Leber und Niere abgebaut. Zeigt sich im Blutergebnis, dass Leber- und Nierenwerte außerhalb des Normalbereiches liegen, sollte zur Gewissheit noch ein Ultraschall gemacht werden, aus dem ersichtlich wird, ob da ggfs. schon eine Veränderung der Leber und Niere oder sonstige krankhafte Veränderungen zu sehen sind. Sollte dies der Fall sein, wäre eine Narkose sehr risikobehaftet und sollte überdacht werden. Es sei denn, der Tierarzt/in bietet auch bei Meerschweinchen Inhalations-Narkose an.
Auch bei anstehenden Zahn-Operationen sollte man in jedem Fall den Tierarzt darauf hinweisen, wenn das Meeri in Narkose liegt, ein Kopf-Röntgen zu machen, um noch andere Krankheitsherde, wie z.B. Kieferabszesse, Kiefertumore etc. zu finden. Auch ist es ratsam vor Operationen – die geplant sind – eine 3-Tages-Kotprobe zu machen, um zu wissen, ob mit der Magen-Darmflora alles in Ordnung ist.

Jetzt wirst Du mich fragen wollen, was hat das mit einer Operation zu tun? Das möchte ich gerne beantworten: Nach einer Operation ist es gut möglich, dass das Meerschweinchen erst mal nicht in der Lage ist, selbstständig zu fressen und es sollte dann direkt zugefüttert/gepäppelt werden, aber man weiß, dass der Magen Darm gesund ist und nicht noch wegen Kokzidien-, Hefebefall etc. aufgast. Bei einer Narkose wird das Immunsystem heruntergefahren und der empfindliche Magen-Darm kann, wenn er mit Endoparasiten befallen ist, noch eher aufgasen, weil diese bei einem geschwächten Immunsystem dann die Oberhand gewinnen.

Sinnvolle Untersuchungen VOR einer geplanten Operation:

- Allgemeiner Check: Herz abhören und Körper auf Veränderungen abtasten lassen.
- Großes Blutbild – inkl. der Schilddrüsenwerte T3/T4.
- Bei Auffälligkeiten im Blutbild – Ultraschall, um organische Veränderungen z.B. Tumore auszuschließen.
- 3-Tageskotprobe, um auszuschließen, dass es zu akuten Aufgasungen durch Kokzidien, Hefen, Würmer (Endoparasiten) etc. kommt.
- Bei Zahn-Operationen unbedingt ein Kopfröntgen, wenn das Meeri in Narkose liegt, verlangen, um weitere ‚Baustellen' wie Tumore/Abszesse im Inneren des Kiefers und in den Kiefer wachsende Zähne ausschließen bzw. mitbehandeln zu können.
- Wie viele Narkosen hat das Meerschweinchen zuvor schon gehabt? Wie ist der allgemeine gesundheitliche Zustand und das Gewicht? Frisst das Meerschweinchen gut?
- Bitte Deinen Tierarzt/Tierärztin vor der Narkose *Nux Vomica homaccord von der Fa. Heel* zu spritzen, dies ist ein biologisches Heilmittel, welches Übelkeit nach der Narkose verhindern soll, denn zumeist wird nach einer Narkose, wenn überhaupt, nur mäkelig gefressen, was dann eine Aufgasung nach sich ziehen kann.

Abmagerung - Gewichtsverlust

Die Abmagerung mit Gewichtsverlust beim Meerschweinchen ist einer der meisten Gründe, warum Meerschweinchen beim Tierarzt vorgestellt werden. Aber die Abmagerung/Gewichtsverlust kann sehr viele Gründe haben und sollte sehr ernstgenommen werden. Anhand dieses Buches ist der Gang zum Tierarzt und das Herausfinden des Grundes leichter für Dich. Auf die einzelnen möglichen Gründe wird in weiteren Kapiteln genauer eingegangen.
Hier geht es in erster Linie darum, dass Du weißt, was Du grundsätzlich beim Tierarzt veranlassen kannst. Versuche dem Tierarzt möglichst genau zu beschreiben, seit wann die Symptome bestehen, also z.B. Matscheköttel, Durchfall, damit verbundene Gewichtsabnahme, Futterveränderungen etc., alles könnte wichtig sein. Bei Durchfall bitte das Meerschweinchen nicht mit dem ganzen Körper baden, sondern nur mit einem feuchten Waschlappen den Po gut reinigen und im Anschluss auch trocken machen.
Bei Verstopfung würde das **Laxiersalz** 300mg – chin. Heilkräuter helfen.

3-Tages-Kotprobe:

Zuerst sollte eine 3-Tages-Kotprobe genommen werden, im Rudel auch eine Sammelkotprobe. Es müssen bei einem positiven Befund alle Meerschweinchen einer Gruppe behandelt werden. Die 3-Tages-Kotprobe hat den Hintergrund, dass nicht jeden Tag im Kot Hefen, Kokzidien, Würmer, Giardien, Flagelatten etc. ausgeschieden werden. Um auf Nummer sicher zu gehen, dass das Ergebnis den richtigen Befund aufweist, sollte in jedem Fall von 3 Tagen (1 x am Tag) je eine Kotprobe (mehrere Köttel) gesammelt werden. Die entsprechenden Kotröhrchen gibt es beim Tierarzt.
Es sollte auf Hefen, Kokzidien, Würmer, Giardien und Flagelatten untersucht werden, mitunter ist es die häufigste Ursache von Gewichts-

verlust, denn dieser Befall kann die Magen-Darmflora lahmlegen, das Futter kann nicht mehr richtig verwertet werden, die Meeris magern trotz guten Fressens ab und gasen dann auf. Bleibt dies unbehandelt, sterben sie recht schnell. Es kann durchaus eine längere Zeit symptomlos sein, aber zumeist zeigen Matscheköttel/Durchfall an, dass da Handlungsbedarf besteht.

Befall durch Kokzidien:

Tierärztlich würde zumeist das Baycox oder Kokzidíol eingesetzt werden. Baycox ist ein sehr starkes Medikament, lasse Dich bitte unbedingt über die Nebenwirkungen aufklären und ein bereits hoch aufgegastes und angeschlagenes Meeri sollte damit nicht behandelt werden. Als Alternative ist aus der Humanmedizin das Antibiotika Cotrim E (für Erwachsene, rezeptpflichtig) oder K (Kinder) einsetzbar, welches den gleichen Wirkstoff hat und viel besser für die Magen-Darmflora verträglich ist. Kokzidien sind auf andere Meeris in der Gruppe übertragbar.
Bei dem Befall von Kokzidien, Würmern, Giardien und Flagellaten ist besondere Hygiene/Reinigung der Gehege nötig.

Bei mittelgradigem/geringem Befall von Kokzidien:

Hierbei können durchaus auch Alternativen helfen, die allerdings über einen längeren Zeitraum gegeben werden dürfen:

- **Coriolus Extrakt** (Endo- und Ektoparasiten) und **Hericium Extrakt** (Magen-Darm-Trakt, Aufbau der Darmflora)
- **Zao Diao 300mg** – chin. Heilkräuter

Zeitgleich mit der 3-Tages-Kotprobe bitte einen Tierarzttermin zum Check des Meeris vereinbaren.

Befall durch Hefen:

Hefen sind nicht übertragbar, bedürfen aber ab einem gewissen Befallgrad einer Behandlung, da sie Matscheköttel und Durchfall verursachen können. Zumeist gibt es hierfür Nystatin vom Tierarzt.
Alternativ gibt es die **Kolloidale Silber Tropfen**, die bei Bakterien, Viren, Parasiten und Pilzen eingesetzt werden können. Die meisten

Antiotika vernichten die nützlichen und notwendigen Darmbakterien. Beim Einsatz der **Kolloidalen Silber Tropfen** bleiben die nützlichen Darmbakterien intakt. Vitamin-C-Gaben sollten zeitversetzt mit dem Kolloidalen Silber gegeben werden.

Befall durch Giardien:

Giardien sind einzellige Organismen, die im Magen-Darm-Trakt vorkommen, es sind Parasiten, sie ernähren sich auf Kosten ihres Gastwirtes (Zoonose – übertragbar: Tier, Mensch), Übertragung zumeist bei den Tieren über den Kot. Außerdem auch über infiziertes Wasser (z.B. Salat, Obst). Vom Tierarzt wird hierzu zumeist Panacur (Paste) verschrieben.
Alternativ können chinesische Heilkräuter **Giardex** eingesetzt werden, die Dauer der Behandlung beträgt 6 Wochen. Wenn die Symptome verschwunden sind, noch weitere 6 Wochen verabreichen.
Ist der Darmtrakt schon beeinträchtigt, kann auch das **Gastro** von den chinesischen Heilkräutern den Heilungsprozess unterstützen. Sollte der Giardien-Befall das Meerschweinchen öfters betreffen, sollte auch das Immunsystem gestärkt werden.

Befall durch Flagellaten:

Einzellige Lebewesen, die tierärztlich zumeist mit Flagyl, Panacur oder Clont behandelt werden.
Hier kann das **Gastro** – chinesische Heilkräuter unterstützend gegeben werden.

Befall durch Würmer:

Tierärztliche Behandlung zumeist durch Panacur Paste.
Alternativ: **Wormfree** – chinesische Heilkräuter.
Hinweis: Es ist immer die Magen-Darmflora zu stärken: Tierärztlich wird benebac Gel oder propre bac angeboten.

Alternativ kann **Gastro** (chin. Heilkräuter), **Symbio Pet** oder **Omniflora N** gegeben werden.

Zähne:
Allgemeine Infos zu den Zähnen der Meerschweinchen:

Den Zähnen der Meerschweinchen sollte sehr viel Aufmerksamkeit geschenkt werden, denn Zahnfehlstellungen, Kieferabszesse, Entzündungen und Verletzungen im Mäulchen sind sehr häufig eine Krankheitsursache (Abmagerung, Matscheköttel). Das Maul ist in zwei Abschnitte – bildlich – unterteilt. Im vorderen Bereich wird das Futter mit den Zähnen grob zerkleinert. Im hinteren Bereich wird das Futter mit den Backenzähnen fein zermahlen und das Futter wird eingespeichelt, gelangt von dort aus in den Magen. Eine genauere Erklärung des Magen-Darms-Traktes findest Du auch in diesem Buch.

Der erste Zahnwechsel findet bei den Meerschweinchenbabys bereits im Mutterleib statt. Sie haben vorne jeweils zwei Schneidezähne oben und unten, damit greifen sie ihr Futter. Rechts und links oben und unten haben sie je vier Backenzähne, die das Futter zermahlen, also insgesamt 20 Zähne. Die Zähne wachsen pro Woche 2-3mm.

Die Zähne der Meerschweinchen wachsen ein Leben lang und brauchen ständigen Abrieb, der durch gutes Heu sowie auch Nagermaterial – Äste von z.B. Apfel und Haselnussstrauch – sowie auch getrockneten Löwenzahnwurzeln im Winter, da es dann keine frischen Äste und Zweige gibt, gewährleistet werden kann. Im Alter ist es möglich, dass die Zähne, wie bei uns Menschen, schlechter werden (Zahnsubstanz), das heißt, sie brechen auch schon mal ab. Wenn die Zahnwurzel nicht beschädigt ist, wächst der Zahn recht schnell wieder nach. Wenn ein Schneidezahn abgebrochen ist, kannst Du täglich kontrollieren, ob der Zahn nachwächst. Wurde die Zahnwurzel beschädigt, dann wächst der Zahn nicht mehr nach und das Meerschweinchen wird zum ‚Zahnschwein', welches regelmäßig dem Tierarzt vorgestellt werden darf, um zu kontrollieren, dass der Zahn, der keinen Gegenspieler mehr hat, nicht zu lang wächst und somit auch wieder Fressprobleme verursacht. Dieser muss dann regelmäßig von einem erfahrenen Tierarzt, der sich mit Meeri-Zähnen auskennt, gekürzt werden. Achte auch auf komische Kaubewegungen, auch dies könnte ein Hinweis auf Zahnprobleme sein.

In der Zeit ist durch regelmäßige Tierarztbesuche darauf zu achten, dass der Zahn, der nun ohne Gegenzahn ist (Backenzähne), nicht zu lang wächst und ein Fressen und Kauen dann nicht mehr ermöglicht. Es ist auch ratsam, in dieser Zeit immer wieder den Bauch auf mögliche Aufgasungen zu kontrollieren, diese gehen einher mit dem schlechten Kauen durch die Zähne.

Kranke Meerschweinchen bitte täglich zur gleichen Zeit auf die Waage setzen, um zu schauen, ob es an Gewicht abnimmt, dann bitte direkt zufüttern. Sollte die Aufgasung/Tympanie schon da sein, müssen die Zähne unbedingt tierärztlich angeschaut werden, ob es hier zu Fehlstellungen, Zahnspitzen, Entzündungen z.B. Rachenentzündungen oder sogar zu Verletzungen gekommen ist.

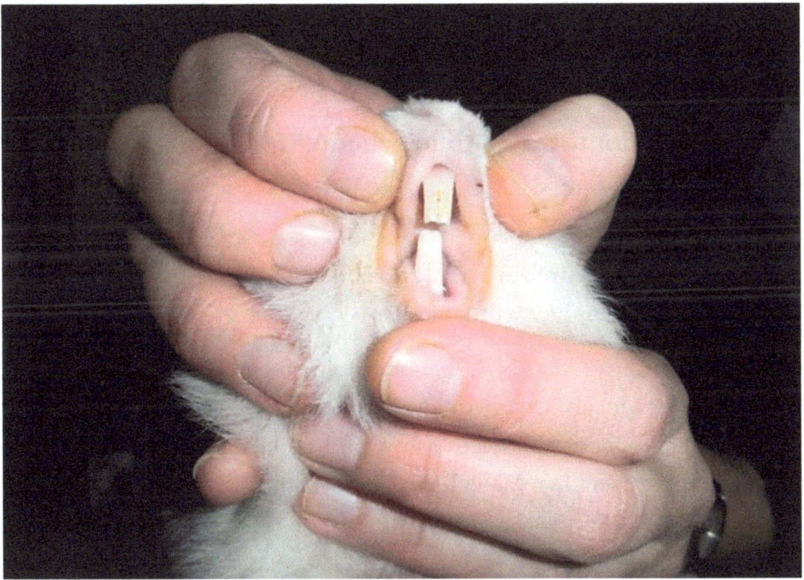

Das Foto zeigt die Zahnkontrolle der Schneidezähne, ob alle Zähne heile sind.

Wenn die Zähne nicht mehr in der richtigen Neigung stehen, ist es auch möglich, dass sie nach unten in den Kiefer wachsen, in die Backentaschen oder sogar die Zunge eingeklemmt wird. Wenn die Zähne nicht mehr in Ordnung sind, kann es sehr schnell zum Nichtfressen oder Nichtfressenwollen kommen und das hätte die Folge, dass der Magen-

Darm innerhalb kürzester Zeit zum Erliegen kommt und das Meerschweinchen aufgast. In diesem Fall wäre die Aufgasung eine Sekundärerkrankung, die durch das ‚eigentliche' Zahnproblem verursacht wurde. Auch kleiner werdende Köttel können auf ein vorhandenes Zahnproblem hinweisen, es wird nicht mehr genug Futter aufgenommen. Du kannst Dein Meerschweinchen in die Transportbox (mit Handtuch auf dem Boden) setzen und das Frischfutter dort fressen lassen, um zu sehen, ob es alles gut frisst oder das Futter selektiert, sprich ggfs. nur das weiche Frischfutter frisst.

Eine Zahn-OP ist dann in den meisten Fällen die Folge, bitte schaue, dass Du einen erfahrenen Tierarzt/in findest, der sich ggfs. auf Nager-Zähne spezialisiert hat. Die Zähne eines Meerschweinchens sollten routinemäßig alle ½ Jahre, vorsorglich, vom Tierarzt nachgeschaut werden, auch wenn nichts Auffälliges ist, die Meeris zeigen es erst, wenn das Zahnproblem schon größer ist.

Karies, Parodontose, Zahnfleischentzündungen:

JSO Bicomplexmittel No. 30 ist das Zahnmittel sowie Gingifit – chinesische Heilkräuter.

Auch die Maulschleimhaut kann entzündet sein, ggfs. sogar durch die Zahnfehlstellungen, hier würde helfen:

- JSO Bicomplexmittel NO. 21 über einen längeren Zeitraum,
- Mucosa comp. ad us vet von der Fa. Heel, 0,2-0,4ml 1 x tgl.,
- Salbeitee kochen, abkühlen lassen und mehrmals täglich 1,0ml mit dem Spritzchen ins Mäulchen geben, Salbei ist entzündungshemmend,
- Borax D4 – Globuli,
- Belladonna D3 – Globuli.

Dann kommen auch Rachenentzündungen vor, der Tierarzt kann dies sehen, wenn er tief in die Maulhöhle schaut, dadurch kann auch das Fressen mäkelig sein, weil das Schlucken wehtut. Ein Schmerzmittel wäre nötig und hier kann auch **Salbeitee** (entzündungshemmend) bei der Heilung unterstützend wirken. Sollte das Fressen durch die Rachenentzündung beeinträchtigt oder mäkelig sein, darf gepäppelt werden. Da der Brei sehr weich ist, nehmen die Meerschweinchen dies sehr gerne an. Zwischen dem Päppeln kann sehr gut der **Salbeitee** verabreicht werden.

Der tierärztliche Check sollte sich aber noch auf weitere Diagnosepunkte ausweiten:

Herz:

Auch Herzprobleme können zur Abmagerung führen. Sollte sich per Stethoskop/dem Abhören des Herzens kein eindeutiger Befund ergeben, ist es ratsam einen Herzultraschall machen zu lassen, um das genaue Krankheitsbild und somit die richtige Herzbehandlung zu finden. Denn das Herz kann zu schnell, zu langsam sein, stolpern und aussetzen. Der Herzmuskel kann verdickt sein, aber auch Herzmuskelschwäche kann ein Grund sein. Durch Herzerkrankungen kann sich auch Wasser in der Lunge bilden, dies ist zumeist mit einem Röntgenbild sichtbar zu machen.

Aber auch unbehandelte Erkältungskrankheiten können zu Herzproblemen führen, nämlich den Herzmuskel angreifen. Auch eine starke Flankenatmung (ohne dass das Meeri aufgegast ist) kann auf eine Herzerkrankung hindeuten. Dies war bei einer unbehandelt gebliebenen Lungenentzündung bei Snowy der Fall. Als ich ihn übernahm, rotzte er heftig. Er wurde direkt unter Antibiose gestellt. Da unklar war, wie lange er die Erkältung schon hatte, wollte ich auf Nummer sicher gehen. Das spätere Röntgenbild zeigte, dass er ein Lungenödem und sich durch die verschleppte Erkältung bereits Wasser in der Lunge angesammelt hatte.

Da traten Snowys kleinere Probleme von seiner E.c. (E. Cuniculi)-Erkrankung (wie Kopfschiefhaltung, Taubheit) in den Hintergrund.

Ich wusste, sollte ich es nicht schaffen, die Lunge zu entwässern, würde der kleine Kerl nur eine kurze Lebenszeit im Gnadenhofrudel haben.

Zwei Tage wurde von der Tierärztin das Diuren (oder Furosemid) eingesetzt. Allerdings schwächte es Snowy sehr, da nicht nur das Wasser ausgeschwemmt wird, sondern auch die Vitamine, Mineralstoffe und Spurenelemente. Meine bereits verstorbene Hündin Jette hatte auch Wasser in der Lunge und auch sie wurde zuerst tierärztlich mit Entwässerung versorgt, die sie zusehens schwächte.

Ich kam dann auf die Idee, bei den Vitalpilzen zu schauen, denn ich hatte dort gelesen, dass sie eben nicht die Vitamine, Mineralstoffe und Spurenelemente ausschwemmen. Also setzte ich alles auf eine Karte und schaffte es, das Wasser bei Jette aus der Lunge wegzubekommen, sie dankte es mir und wurde 18 Jahre und 9 Monate alt.

- Der Vitalpilz heißt **Polyporus** (Eichhase) und für Tiere ist das Pilzextrakt (Kapseln, die man öffnen kann, um die entsprechende Dosis zu entnehmen) einzusetzen. Da es hier auch Qualitätsunterschiede im Anbau und der Herstellung gibt, bietet die Fa. Hawlik eine sehr gute Qualität an. (Bezugsquelle und Literatur hinten im Buch)
- Dazu habe ich auch das Immunsystem mit dem **Agaricus blazei Murrill Vitalpilz Extrakt** (Mandelpilz) gestärkt.

Da die Meeris eine sehr empfindliche Magen-Darmflora haben und mit weichem Kot, Durchfall und auch sogar Aufgasung reagieren können, lasse ich das Vitalpilz-Extrakt immer einschleichen, das zu Beginn für gut eine Woche erst mal nur in einer geringen Menge (nach Gewicht, körperlichem Allgemeinzustand) gegeben wird und steigere dies dann langsam bis zur Höchstmenge. Immer auch die Köttel und den Bauch im Auge behalten, durch tägliches Wiegen, Köttelkonsistenz prüfen und Klopftest des Blinddarms machen.

Und so bekam ich auch bei Snowy das Wasser in der Lunge, nachweislich durch ein Röntgenbild, weg. Es dauerte schon seine Zeit, Geduld darf man haben, und nicht immer nimmt das Meeri es freiwillig. Snowy lebt bereits 2 ½ Jahren bei mir und ist mittlerweile 4 ½ Jahre alt. Er kam wirklich in einem so schlechten Zustand zu mir, dass die Tierärztin ihm keine Überlebenschance gab.

Das Herzsono ist aber die Grundlage einer Behandlung, denn nur, wenn genau feststeht, was mit dem Herz nicht in Ordnung ist, kann man dies

auch richtig behandeln. Auch Senior-Meerschweinchen neigen sehr oft zu Herzerkrankungen.
Wenn Du die Vitalpilze einsetzen möchtest, gibt es darüber sehr gute Literatur, worin man sich, vor dem Einsatz/Behandlung, einlesen sollte. Auch sollte man einen erfahrenen Myko-Therapeuten (Tierheilpraktiker, der sich in der Myko-Therapie auskennt) zu Rate ziehen sollte.

Hier sind einige Anwendungsgebiete für das Herz:

- Herzgefäßerkrankung: **Auricularia polytricha** Vitalpilz Extrakt (Judasrohr).
- Regulierung Herzfunktion: **Cordyceps sinensis Extrakt** (Raupenpilz).
- Herzrhythmus-Störungen: **Maitake Extrakt** (Klapperschwamm).
- Blutdruckregulierend – **Polyporus umbellatus Extrakt** und auch entwässernd (Eichhase).
- Herz-Kreislauf Erkankungen, Herzrhythmus-Störungen, Herzmuskel – **Reishi Extrakt** (Ganoderma lucidum), einer der besten Vitalpilze, da der Einsatz sehr vielfältig ist.

Ich gebe als Zweitpilz das **ABM-Extrakt** (Agaricus blazei murrill) zur Immunsystemstärkung, denn nur ein gutes Immunsystem kann Krankheiten bekämpfen!

Möglichkeiten, damit das Herz gestärkt werden kann:

- **JSO Bicomplexmittel Nr. 12**
- **Crataegus (Weißdorn) Globuli**
- **Cardicum von Heel**
- **Cactus von Heel**
- **Weißdorntee**

Besteht eine Herzmuskelverdickung, kann zusätzlich das **JSO Bicomplexmittel No. 29,** das Muskelmittel, eingesetzt werden.

Ich gebe keine Dosierungsempfehlung, da die Dosierung von Meerschweinchen zu Meerschweinchen sehr unterschiedlich sein kann. Bitte lese Dich in das jeweilige Mittel ein.

Außerdem wäre es sehr ratsam, ein großes Blutbild machen zu lassen, um auch die Werte, wie Niere, Leber, aber auch Schilddrüse zu kontrollieren.
Es besteht die Möglichkeit, das Meerschweinchen mit der richtigen Herz-Diagnose und der richtigen Herzmedizin gut einzustellen, auch so kann es durchaus mit einer Herzerkrankung weiterleben.
Wichtig wäre in jedem Fall, das Immunsystem des Meerschweinchens zu stärken.

Tumore:

Es gibt die gutartigen und die bösartigen Tumore, leider kann man ‚gut' oder ‚böse' nicht immer mit dem bloßen Auge erkennen. Wenn ein Knoten gut tastbar ist und eher an der Hautoberfläche liegt, gibt es beim Tierarzt die Möglichkeit, den Knoten zu punktieren. Es wird mit einer Nadel in den Knoten gestochen und etwas vom Inhalt herausgezogen. Unter dem Mikroskop kann der Tierarzt dann sehen, ob es Fettgewebe oder verändertes Gewebe ist. Sollte es verändertes Gewebe sein, ist es ratsam, eine Biopsie zu machen und diese in ein fachlich kompetentes Labor durch den Tierarzt schicken zu lassen. In dem Befund wird dann genau beschrieben, um was es sich handelt. Je nach dem darf dann entschieden werden, den Knoten so zu lassen oder wenn er bösartig ist, über eine Operation und Entnahme nachzudenken.

Die bösartigen Tumore ‚fressen' innerlich die Energie und somit das Gewicht der Meeris. Tumore brauchen u.a. gerade das zuckerhaltige Futter (Energie), wie Möhren oder zuckerhaltiges Trockenfutter, um am Leben zu bleiben. Aber sie sorgen auch für Gewichtsverlust, sie können sich auch an anderen Organen ‚bedienen', sich sozusagen andocken, um weiterzuwachsen.

VITAMINE, die gegen Krebs helfen können:

In zahlreichen Obst- und Gemüsesorten sind nachgewiesene, krebshemmende, sekundäre Pflanzenstoffe enthalten. Diese sekundären Stoffe greifen in die Prozesse ein, die an der Entwicklung von Krebs beteiligt sind. Ich habe hier mit Absicht nur die Obst- und Gemüsesorten aufgeschrieben, die die Meerschweinchen auch fressen dürfen. Cranberry, Brokkoli, Erdbeeren, Himbeeren, Tomaten, Apfel, Basilikum, Fenchel, Kopfsalat (ungespritzt, aus eigenem Anbau), Petersilie, Sellerie und Thymian.

Tumore sind neben Zahnproblemen und Aufgasungen mit eine der häufigsten Todesursachen. Zuerst treten vielleicht keine Symptome auf, solange das Immunsystem den Tumor in Schach halten kann.
Ein gutes Immunsystem und eine gesunde Ernährung sind deshalb sehr wichtig, schützen aber nicht generell davor.

Bei den Tumoren gibt es leider kein ‚Wunderheilmittel', aber dennoch bin ich der Meinung, dass man durchaus etwas tun kann, ehe man nichts tut!
Stärkung des Immunsystems ist ganz wichtig: Q10, L-Carnitin, Selen, Vit. C, E und B17 Enzym. Bitte den Tierarzt/Tierheilpraktiker fragen, was für das betroffene Meeri einzusetzen ist – auch je nach Krebs-Art.

Der **REISHI**-Vitalpilz (Extrakt) aktiviert im Allgemeinen die Killerzellen zur Tumorabwehr.

Dazu immer auch den **ABM**-Vitalpilz (Extrakt) zur Immunsystemstabilisierung geben. Allerdings darf hier bezüglich der Vitalpilze unterschieden werden, um was für einen Tumor es sich handelt. Es gibt unterschiedlich Vitalpilze für unterschiedliche Tumorarten.

Alternativ setzt man auch ein:

- **Weihrauch – Olibanum (Globuli)**
- **Myrre**
- **Tarantula D4 Dil. (Spinnengift)**
- **Misteltherapie (Viscum album)**

- **Vier biologische Heilmittel in Kombination der Firma Heel: Coenzym, Galium, Ubichinon comp. und Glyoxal comp.**
  Die Dosierung ist mit dem Tierarzt/Tierheilpraktiker/in zu besprechen, diese biologischen Heilmittel werden unter anderem auch bei Leukose (ebenso der Vitalpilz Schiitake) eingesetzt.

Der Tierarzt würde zur Immunstärkung eine Zylexis-Spritz-Kur anbieten (3 Injektionen in Abstand).

Um generell das Immunsystem zu stärken:

- **ABM Extrakt – Vitalpilz**
- **Engystol – Fa. Heel**
- **Echinacea angustifolia D12 mehrmals tägl. 5 Globuli**

Leber und Niere sollten dazu auch gestärkt werden, da sie die Giftstoffe des Körpers ausscheiden. Hier haben sich die chin. Heilkräuter **Geria** (Leber) und **Rehmannia** (Niere) bewährt.

Eierstockzysten/Gebärmutterveränderungen

Bei weiblichen Meerschweinchen kann die Gewichtsabnahme auch eine hormonelle Ursache haben. Eierstockzysten und Gebärmuttertumore fressen ebenso die Energie, also das Gewicht der Meeris. Eine Zyste ist ein Anhängsel am Eierstock, welche mit Flüssigkeit gefüllt ist. Es gibt zwei Arten von Eierstockzysten. Die kleinen Eierstockzysten – zumeist nur im Ultraschall sichtbar, sind die, die hormonell gesteuert sind. Die wachsenden Eierstockzysten, sie können hühnereigroß im Körper werden, einseitig oder sogar beidseitig, sind hormonell weniger auffällig. Zumeist sieht man hier als Anzeichen den Fellverlust oder dünneres Fell an den Flanken oder auch im Bauchbereich. Eine Ultraschalluntersuchung gibt genauen Aufschluss darüber.
Bei uns in den Pflegestellen gibt es kein Meerschweinchen-Mädchen, das nicht ab einem Alter von ca. 1 ½ Jahren von Eierstockzysten/Gebärmutterveränderungen verschont blieb. Wie ist es in der Natur? Weibliche Meerschweinchen sind für den Fortbestand des Rudels verantwortlich und ‚produzieren' laufend Nachwuchs, da sie sehr früh geschlechtsreif werden. Mit ca. 2 Jahren sind sie dann auch schon ‚verbraucht'. Meist wurden sie sogar schon von Fressfeinden erbeutet. Naheliegend ist es, dass ab einem Alter von 2 Jahren die Meerschweinchen-Mädchen in eine Art ‚Wechseljahre' kommen und sich hormonelle Veränderungen bilden.

Die Eierstockzysten wachsen nicht von einem Tag auf den anderen, das heißt, bis die Eierstockzysten sichtbar auf dem Ultraschallbild sind, sind die Anfänge mit den hormonellen Veränderungen schon Mitte/Ende des ersten Lebensjahres im Gewebe in Aktion. Dieses Geschehen beobachten wir, unabhängig davon, ob die Meeri-Mädels schon einmal oder sogar öfters Nachwuchs hatten. Bei uns sitzen alle Meeri-Mädels mit Kastraten zusammen, das heißt, wir können hier auch die These nicht stützen, dass diese hormonellen Veränderungen am Fehlen von Böckchen/Kastraten liegen. Seit dieser Erfahrung und den einhergehenden Verhaltensveränderungen – sie sind unruhig, aggressiv gegenüber Artgenossen, besteigen alle im Rudel. Wir lassen alle dauerbrünstigen Meerschweinchen-Mädels ab ca. 1-2 Jahren, bei Auffälligkeiten natürlich auch früher, per Ultraschall untersuchen, ob die Eierstöcke und/oder Gebärmutter sich verändert haben.

Sollte das Ergebnis des Ultraschalls zeigen, dass Eierstockzysten oder Gebärmutterentartung die Ursache sind, möchte ich hier genauer beschreiben, wie auch eine Kastration von weiblichen Meerschweinchen seitens des Halters vorzubereiten ist. Denn diese Operation ist kein ‚Spaziergang', sondern ein recht großer Eingriff. Jede Narkose birgt, auch wegen des sehr schnellen Herzschlages, immer ein hohes Risiko.

Natürlich können, bevor für eine Kastration entschieden wird, auch hier zuerst alternative Heilmethoden ausprobiert werden. Dies machen wir generell. Erst wenn wir merken, dass keine der Möglichkeiten anschlagen, lassen wir, wenn es für das Meerschweinchen noch möglich ist, operieren.

Tierärztlich: Ovogest (3 Injektionen mit zeitlichem Abstand), welches dem Meerschweinchen gespritzt wird. Bitte lasse Dich aber über die Nebenwirkungen aufklären! Meine persönlichen Erfahrungen sind weniger gut, da es bei einigen Meerschweinchen Gebärmutterveränderungen/Gebärmuttertumor ausgelöst hat. (Dies war im Sono zuvor nicht sichtbar.)
Leider ist es bis dato so, dass es kein ‚Allheilmittel' gegen die Eierstockzysten gibt – außer einer Operation. So schlägt die eine Medikation an und die andere eben nicht, das heißt ‚Ausprobieren' ist hier der Weg.

- **Ovarium compositum ad. us. vet.** von der Fa. Heel – Anfangsphase, wenn sich die Eierstockzysten noch nicht gebildet haben, aber sich schon Verhaltensveränderungen, wie oben beschrieben, zeigen.
- **Ovaria/Hypophysis comp. A** von PlantaVet.
- **Hormeel der Fa. Heel –** Dosierung steht im Beipackzettel.

- **Aristolocchia D6** bei hormonellen Störungen der Eierstöcke
  3 x täglich 5 Globuli in Wasser aufgelöst verabreichen.

- **Pulsatilla D6:** Hierdurch wird die Gebärmutterfüllung entleert. 3 x täglich 5 Globuli in Wasser aufgelöst verabreichen.
- **Apis mellifica D4:** 3 x täglich 5 Globuli in Wasser aufgelöst verabreichen.
- **Metrovetsan von DHU:** Bei Gebärmuttererkrankungen, Lösung zur oralen Gabe (Pulsatilla/Sepia).
- **JSO Bicomplexmittel No. 25** (PZN 0545076) – Wassersuchtmittel – (Einsatz bei Ödemen) **–** kann bei Eierstockzysten (die Zyste an sich ist eine Flüssigkeitsansammlung) – eingesetzt werden.
  Dazu in Kombination mit dem JSO Bicomplexmittel No 7 (PZN 0544881) **–** innersekretorisches Mittel – für das komplette Hormonsystem.

Gebärmutterveränderungen:

- **Endometrium comp. Globuli von Wala –** Einsatz bei Gebärmutterentzündung.
- **Gebärmutterverdickung:** Betrifft die Schleimhäute.
- **JSO Bicomplexmittel No. 21** (PZN 0545024) Schleimhautmittel

TEST MIT JOSY, die mit 1 Jahr eine Verhaltensveränderung aufwies. Der Ultraschall ergab, dass sich noch keine Eierstockzysten/Gebärmutterveränderung gebildet hatte, aber man muss berücksichtigen, dass diese auch nicht von heute auf morgen wachsen. Nun unterzog ich Josy einem Versuch, ich behandelte sie dauerhaft mit Ovarium comp. Ad us vet. täglich 0,3 ml bis 0,5 ml, um zu sehen, ob ich damit das Wachsen der Eierstockzysten schon im Keim ersticken oder zumindest lindern kann. Denn derzeit konnten wir bei den Meeri-Mädels, die ca. zwei Jahre waren, per Ultraschall Eierstockzysten diagnostizieren, aber noch nie in den Anfängen gegensteuern. Und da Josy, aufgrund eines Herzfehlers und der Zahnfehlstellung, auch nicht kastriert werden kann, ist es die eine Chance, dass die Eierstockzysten erst gar nicht weiterwachsen.

Nach einem halben Jahr ist es ruhiger geworden. Ob es natürlich bei jedem MS-Mädchen anschlägt, wissen wir noch nicht, aber einen Versuch ist es wert.

Marlie. Sie kam Anfang 2018 im Alter von über fünf Jahren zu uns, sie war sehr mager. Wir vollzogen das komplette Tierarztprogramm mit ihr (3-Tages-Kotprobe, Blutabnahme, Röntgen, Sono, Zahncheck).
Sie hatte Zahnfehlstellungen und musste 2 x in Narkose operiert werden. Es wurden Eierstockzysten festgestellt, die wir aber erst mal hintenanstellen mussten, zuerst musste das Zahnproblem weg, damit sie wieder gut frisst und mehr Gewicht auf die Waage bringt, um überhaupt eine weitere und große Operation zu überstehen. Es verging ein halbes Jahr. Der behinderte Kastrat Snowy saß bei ihr. Als dieser nun verstarb, sollte Marlie nicht allein sitzen, so führten wir Vergesellschaftungen auf neutralem Boden durch, aber weder Kastrate noch Mädels wurden von ihr geduldet.
Zuvor fand ich an der rechten Zitze auch noch einen Knoten, sodass wir uns entschlossen, da Marlies Gewicht nun auch gut war, sie einer Totaloperation zu unterziehen, denn sie sollte nicht für den Rest ihres Lebens alleine sitzen, nur weil sie hormonell total fehlgesteuert war. Ihr wurden die Eierstöcke/Zysten, die Gebärmutter und auch die rechte Zitze inklusive des Knotens entfernt. Der Knoten wurde in die Pathologie geschickt und es war tatsächlich bösartiger Krebs. Außerdem wurde die Blase vom Harngrieß freigespült und eine kleine Zahnkorrektur vorgenommen. Da wir in Narkose auch ein Röntgenbild vom Kopf haben machen lassen, konnten die Zähne direkt im gleichen Eingriff gemacht werden und keine zweite OP war nötig. Es war eine riesengroße und lange Operation und Marlie hatte es geschafft. Marlie braucht nun noch vier bis sechs Wochen, um hormonell herunterzufahren. Dann wollen wir neue Vergesellschaftungsversuche wagen.

Es ist ein operativer Eingriff mit einem hohen Narkoserisiko. Die mögliche Kastration eines weiblichen Meerschweinchens hängt aber von mehreren Faktoren ab: Alter, der gesundheitliche Zustand, es sollte in jedem Fall zuvor ein ausführlicher tierärztlicher Check erfolgen, um das

Risiko möglichst gering zu halten und, wie schon zuvor beschrieben, sicherzustellen, dass da nicht noch mehr gesundheitliche Baustellen sind.

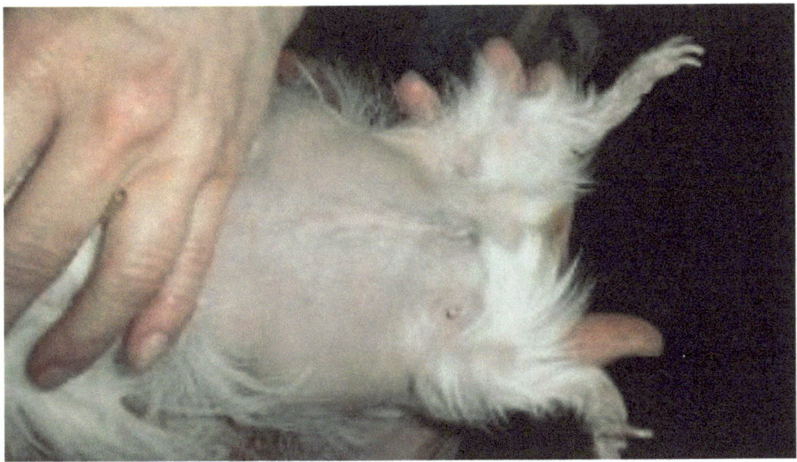

Foto von MS-Dame ‚Jil' mit der Kastrationsnarbe.

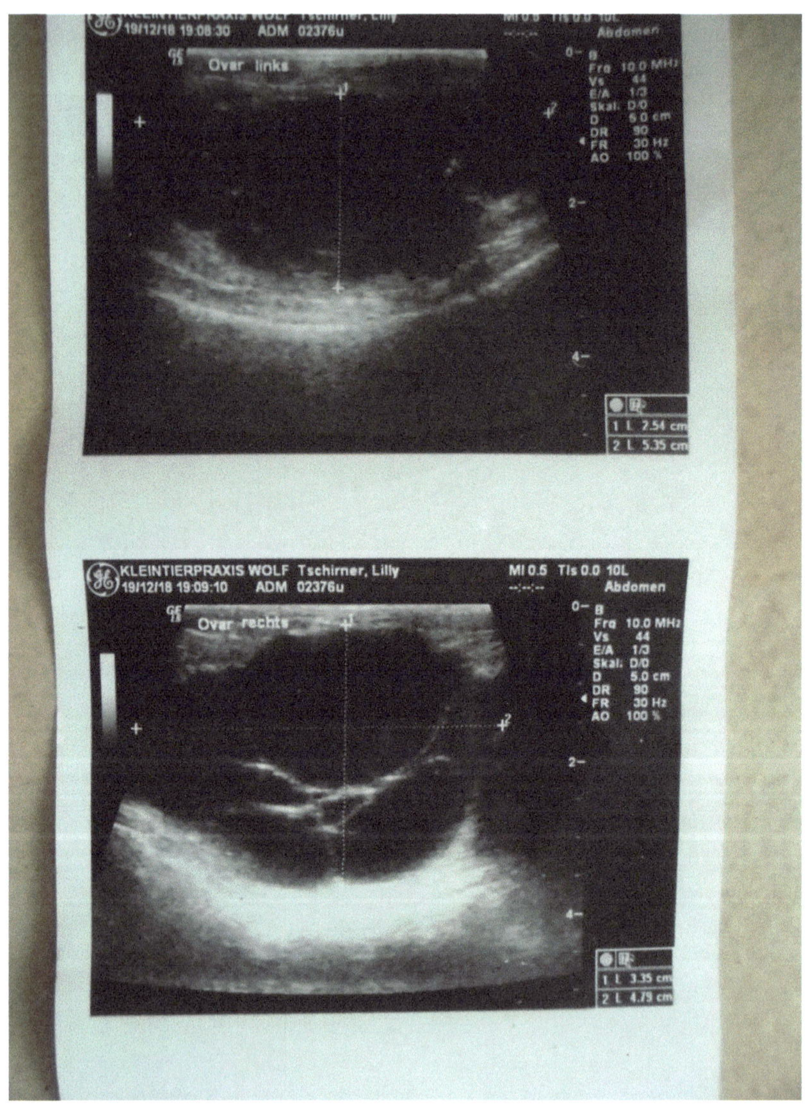

MS-Dame ‚Lilly'.
Sono Aufnahmen vom 20.12.2018 mit dem ganzen Ausmaß der Eierstockzysten linke und rechte Seite

Kastrationsoperation von weiblichen/männlichen Meerschweinchen

Vorbereitung:

Versuche bitte zwei bis drei Tage zuhause zu sein, um ggfs. bei Komplikationen das Meerschweinchen-Mädchen oder den Bock optimal versorgen zu können.

Bei einer geplanten Operation sollte zeitig eine 3-Tages-Kotprobe gemacht werden, um Hefen, Kokzidien, Würmer, Flagellaten und Giardien ausschließen zu können, die dem Meerschweinchen nach der Operation zu schaffen (Aufgasung) machen könnten.

Optimal wäre es auch, zuvor ein großes Blutbild machen zu lassen, ob die Werte der Leber, Niere, Schilddrüse etc. in Ordnung sind, denn jede Narkose wird über die Leber/Niere abgebaut. Wenn zu diesem Zeitpunkt diese Werte schlecht wären, sollte zuerst die Leber/Niere gestärkt werden. Bitte den Tierarzt/in vor der Narkose **Nux vomica homaccord** zu spritzen, dies hilft gegen die Übelkeit, die ggfs. durch die Narkose auftritt.

Hier eine Auswahl der Möglichkeiten zur Stärkung der Leber/Niere:

- **Hepeel von der Fa. Heel –** Leber
- **Hepar comp. von Heel –** Leber
- **Geria chin. Heilkräuter –** Leber, Niere
- **Als Heiltee:** Leber- und Gallentee
- **Rodicare Hepato** – Leber
- **JSO Bicomplexmittel No 27 –** Lebermittel
- **JSO Bicomplexmittel No 20 –** Nierenmittel
- **Rehmannia chin. Heilkräuter –** Niere
- **Carduus marianus D2 – Globuli** – Leber
- **Berberis D4 –** Nieren

Das frisch operierte Meerschweinchen sollte für ca. eine Woche auf Decken oder Handtüchern sitzen, um einer Infektionsgefahr der Operationswunde vorzubeugen. Bitte für den OP-Tag vorbereiten!

Bereitstellung:

Critical Care zum Päppeln, alternativ, wenn Critical Care vom Meerschweinchen abgelehnt wird, wird zumeist das **Rodicare Instant** gerne genommen.
Bene bac oder **Propre bac** für die Darmflorastabilisierung (oder die schon genannten Alternativen).
Vitamin C Pulver.
Sab Simplex oder **Dimeticon** von der Fa. Albrecht gegen Aufgasungen.
Kamillentee kochen, abkühlen lassen und mehrmals täglich 1,0 ml dem Meerschweinchen verabreichen.
Rotlicht, bitte nur indirekt, nicht direkt auf das Meerschweinchen richten und die Rotlichtlampe mit entsprechendem Abstand aufstellen.
Achtung es ist sehr heiß!
Snuggle Safe – Wärmekissen (Zooladen, sieht aus wie eine dicke Frisbee-Scheibe, kann in der Mikrowelle nach Anleitung erwärmt werden, hält für Stunden warm).

Nach der Narkose kommt es auch recht häufig vor, dass Meerschweinchen Übelkeit empfinden und noch nicht wieder selbst fressen können:

Hier hilft:

Schüssler Salz Ferrum phosphoricum D 6 3 x tgl. ½ Tablette in Wasser auflösen und mit dem Spritzchen ins Mäulchen geben.

Nux Vomica D6 mehrmals täglich 5 Globuli in Wasser aufgelöst ins Mäulchen geben.

Gegen Bauchweh/Aufgasung, was durch die OP/Nichtfressen als Sekundärerkrankung auftreten kann: als Flüssigkeitszufuhr: **123 Bäuchlein-Bär-Tee** (Fenchel, Anis, Kümmel Extrakt) von Sidroga.
Bitte fange auch direkt an zuzufüttern, damit der Magen-Darmtrakt nicht zum Erliegen kommt, aber immer auch Frischfutter und Heu anbieten,

damit das Meerschweinchen immer die Möglichkeit hat, wieder selbstständig zu fressen.

Der Tag der Operation:

Für den OP-Tag vorbereiten:

Die Transportbox bitte mit einem Handtuch oder einer Fleecedecke auslegen, einen Kuschelsack zum Verkriechen und etwas Heu zur Ablenkung in die Transportbox legen. Dann die Transportbox mit einem Handtuch gegen Zugluft abdecken, Frischfutter in einer Frischhaltedose, Heu, Kuschelsachen, im Winter den Snuggle Safe nicht vergessen mit zum Tierarzt zu nehmen. Dein Meerschweinchen verbringt dort meist viele Stunden.

Der OP-Tag:

Das Meerschweinchen könnte noch etwas wackelig auf den Beinen sein. Ggfs. die Ohren und den Körper abtasten, ob es sich kühl anfühlt, dann bitte das Meerschweinchen, mit dem nötigen Abstand, vor eine Rotlichtlampe in die Transportbox setzen. Und über Nacht den Snuggle Safe unter einen Kuschelsack legen. Immer auch Frischfutter und Heu anbieten und dem Meerschweinchen mit einer Spritze Wasser ins Mäulchen geben.

Zur Anregung des Kreislaufs: **DHU Coffea D6**, mehrmals täglich 5 Globuli in Wasser aufgelöst mit dem Spritzchen ins Mäulchen geben. Oder wenn man zur Hand hat, Effortil Tropfen (sind verschreibungspflichtig) 1 Tropfen mit 5-6 Tropfen Wasser mischen und ins Mäulchen geben.

Nach der Operation haben sich die **Bach Rescue Tropfen** für Tiere (ohne Alkohol) sehr bewährt. Außerdem **Traumeel** von der Fa. Heel als Tabletten, 2 x täglich ½ Tablette in Wasser aufgelöst mit einem Spritzchen (ohne Nadel – versteht sich hoffentlich von selbst) ins Mäulchen geben.
Vom Tierarzt wird dem Halter für vier bis fünf Tage ein Schmerzmittel (Metacam) sowie auch eine Antibiose (bitte Marbocyl – dies ist für den Magen-Darm-Trakt viel verträglicher als Baytril) mitgegeben.

Nachsorge:

Außerdem kontrolliere bitte morgens/abends die Operationswunde und taste vorsichtig drum herum, ob sich Beulen/Knoten bilden oder Wundwasser austritt, dann SOFORT zum Tierarzt. Bitte setze das Meerschweinchen auch täglich zur gleichen Zeit, vor oder nach der Fütterung, auf die Waage, um das Gewicht unter Kontrolle zu halten. Sollte das Meerschweinchen mehr als 50g an Gewicht verlieren, dann bitte den Tierarzt sofort aufsuchen und den Bauch abtasten lassen, ob sich eine Aufgasung gebildet hat, ggfs. gibt auch ein Röntgenbild darüber Aufschluss.

Nach 10 Tagen sollten die noch vorhandenen Fäden vom Tierarzt gezogen werden, meist wird aber mit selbstauflösenden Fäden genäht. Allerdings bleibt meist oft ein Rest an Faden am Ende der Naht übrig, welcher dann entfernt werden sollte.

Die Wunde kann, ab dem Folgetag der Operation mit **Ringelblumensalbe** 2-3 x täglich gesalbt werden oder mit **Manuka Lind Salbe**. Diese hat einen sehr guten Heileffekt und hat sich bei der Wundheilung sehr bewährt.

Es ist möglich, dass es dem Meerschweinchen, weil das rasierte Fell am Bauch nachwächst, juckt. Gegen den Juckreiz hilft alle acht Stunden ein Tropfen Fenistil in etwas Wasser und ins Mäulchen geben. Sollte das Fell nicht richtig nachwachsen, ist spätestens nach zwei Monaten nach der Operation ein großes Blutbild beim Tierarzt zu machen, um unter anderem auch die Schilddrüsenwerte T3/T4 ermitteln zu lassen, ob sich hier Veränderungen ergeben. Denn die Entnahme der Eierstöcke und Gebärmutter können hormonelle Veränderungen bezüglich der Schilddrüse und auch der Nebennierenrinde, die das Hormon Cortisol ausschüttet, ergeben. Auch Leber- und Nierenwerte zu prüfen ist sehr sinnvoll. Außerdem dauert es nach der Operation mindestens vier bis sechs Wochen ehe das Meerschweinchen hormonell heruntergefahren ist, bei manchen dauert es auch länger.

Viele weibliche Meerschweinchen schafften bei mir die große Operation, aber leider starb auch eines, Lotta. Ihr Fall war sehr speziell, deshalb möchte ich es hier erzählen. Lotta kam mit ihrer Mutter Marla halb verhungert zu mir. Ich päppelte sie hoch und sie konnte auch vermittelt werden. Nach einem halben Jahr kam sie wegen akuter Zahnprobleme zu mir zurück, wieder abgemagert. Lotta durfte drei Zahnoperationen innerhalb kürzester Zeit über sich ergehen lassen, ich kümmerte mich in dieser Zeit sehr um sie, päppelte sie und ließ sie nicht aus den Augen.

Die wöchentlichen Tierarzttermine bezüglich der Zahnkorrekturen konnten im März 2016 eingestellt werden. Alles ist gut, dachte ich, bis Lotta anfing sich zu verändern – massiv – sie bestieg den Kastraten und die anderen beiden Mädels, die mit ihr im Rudel lebten und war von Unruhe getrieben. Der Ultraschall gab Aufschluss: Eierstockzysten. Ich entschloss mich, sie kastrieren zu lassen. Lottas allgemeiner Zustand, Gewicht 1.148 g war gut, so dachte ich.

Am Freitag, 22.04.16 war der Tag der Kastration. Der Tierarzt rief mich viel zu früh an, ich ahnte direkt, dass es ungut war. Lotta hatte die Operation zwar geschafft, aber in der Aufwachphase war ihr Herz stehengeblieben. Im Nachhinein kam ich doch arg ins Grübeln, ja und ich dachte, Lotta hat in dem letzten halben Jahr drei Narkosen verkraften müssen und was wohl eher ausschlaggebend war, sie hatte sich innerhalb dieser Zeit auch ihr altes Gewicht wieder angefuttert (ohne dass ich ihr besonderes Futter oder anderes Frischfutter gegeben hatte).

Vielleicht war das zu schnell gegangen, sodass das Herz mit Lottas Gewicht und der vierten Narkose überfordert war.

Diesen Schritt kann ich nicht mehr rückgängig machen und meine Seele leidet. Aber für die zukünftigen Entscheidungen zur Operation wird das Meerschweinchen natürlich ganz anders ‚beleuchtet‘ werden. Lotta durfte nur zwei Jahre und vier Monate alt werden.

LILLI Leckerzahn erzählt vom Kranksein:

Du bist doch auch mal krank und Deine Mama oder Dein Partner pflegt Dich wieder gesund – oder?
Auch wir werden krank, denn wir können fast alle Krankheiten der Menschen bekommen. ‚Unsere Menschen', die für unser Leben und unsere Gesundheit die Verantwortung tragen, müssen sich dann sehr um uns kümmern, damit wir wieder gesund werden, alleine schaffen wir das nicht.
Manchmal geht ‚gesund werden' bei uns auch nicht so schnell.

Hallo, ich bin ***‚Lilli Leckerzahn'****, ich möchte Dir erzählen, warum es nicht so einfach ist, uns zu halten – gesund zu erhalten. Auf dem Foto liege ich ganz entspannt unter der Heuraufe und döse so vor mich hin, aber das ist nicht immer so.*

Ich wurde bei Heike geboren, ich bin eine kesse Meeri-Dame, immer vorwitzig und neugierig, aber es gab eine Zeit, da ging es mir gar nicht gut. Ich bekam Eierstockzysten, erst waren sie sehr klein und konnten mit Spritzen behandelt werden, aber dann wuchsen sie in meinem kleinen Körper, und wenn ich dann nicht operiert worden wäre, hätten sie hühnereigroß werden können. Ja, in meinem kleinen Körper wuchs so etwas!

Wenn die Eierstockzysten wachsen, drücken sie auf meine anderen Organe, dann wird mein Magen eingeklemmt und ich habe Bauchweh, es kann überall drücken und weh tun. Heike ließ mich operieren, sie sagte, ich sei noch jung genug, dass ich eine so große Operation schaffen würde, und mir war es recht, denn ich wollte diese Fremdkörper aus mir raushaben. Mir wurde dann der Bauch aufgeschnitten, schade, dass Du die große Narbe nicht mehr sehen kannst, denn mittlerweile ist mein Fell dort wieder nachgewachsen.

Also die Operation schaffte ich, ich war zwar schlapp auf meinen kleinen Beinchen und hatte so gar keinen Hunger. Heike fing an, mich mit Päppelbrei zu füttern. Wo ich gesund war, mochte ich den Päppelbrei sehr gerne, aber als ich krank war, wollte ich gar nicht mehr selbstständig fressen, noch nicht einmal Gurke… und das soll schon was heißen.

Heike lockte mich mit frischem Gemüse, das ich wieder selber fressen sollte, aber ich hatte solche Schmerzen, dass ich nicht konnte.

Mir tat mein ganzer Bauch weh und ich fühlte mich einfach schlecht. Heike zwang mir den Päppelbrei rein, sie war sehr hartnäckig, aber sie wusste wohl, wenn sie nicht für mich kämpfen würde, würde ich den Kampf um mein kleines Meerschweinchen-Leben verlieren.
Aber es kam noch schlimmer, denn ich bekam eine schlimme Aufgasung und nun war es einfach ganz vorbei, dass ich was fressen wollte. Heike brachte mich zum Tierarzt, dort bekam ich eine Spritze und ich wurde geröntgt, sodass man in mich hineinschauen konnte. Heike wurde ganz bleich im Gesicht, sie musste sich hinsetzen, denn die Aufgasung war sehr schlimm. Sie kämpfte ganze drei Monate mit meinem kleinen Meerschweinchen-Leben und wenn sie nicht gewesen wäre, hätte ich längst schon mein Köfferchen gepackt und wäre über die Regenbogenbrücke gezogen.

Sie hat mich mit dem Päppelbrei zwangsernährt, das mehrmals täglich und anfangs sogar nachts, und Medi bekam ich auch ganz viel. Schritt für Schritt wich die Aufgasung aus meinem Körper.
Nun ist das schon eine Weile her, ich möchte Dir damit sagen, dass Du auch zu solch einem langfristigem ‚Gesundmachen' bereit sein musst. Da geht ganz viel Freizeit bei drauf und alles steht dann hinten an, denn ich bin ein Lebewesen und bin auf Deine Hilfe angewiesen.
Wir sind kein ‚lebendiges Spielzeug', was Du einfach in die Ecke stellen kannst. Stelle Dir vor, Deine Eltern oder Partner würden Dich nicht gesund machen! So ist das auch mit uns, wir brauchen Dich oder Deine Eltern dann ganz besonders.
Und ich bin sehr froh, dass ich Heike an meiner Seite hatte, denn ich habe meine Artgenossen sehr lieb und lebe sehr gerne hier.

Anmerkung der Autorin: Lilli ist im Alter von 8 ½ Jahren gestorben.

Böckchen – Kastrationsabszesse –

Zumeist werden die Böckchen kastriert (nach der Kastration ist das Böckchen noch 4-6 Wochen zeugungsfähig, da sich immer noch Spermien im Samenleiter befinden. Deshalb muss der kastrierte Bock für die Zeit immer noch getrennt von Meeri Mädels sitzen.)
Man macht dies, weil dieser operative Eingriff viel einfacher und risikoärmer ist als die Kastration von Meerschweinchen-Mädels, bei denen die halbe Bauchdecke geöffnet werden muss, das Narkoserisiko bleibt auch hier bestehen (Kreislaufversagen).
Nach der Kastration kann ein Kastrationsabszess entstehen – kann, muss aber nicht. Da ich es aber auch erlebt habe, möchte ich es erwähnen, dass Du hier in jedem Fall achtsam bist.
Viele Jahre blieb ich davon verschont, kannte es nur vom Hören-Sagen, dass nach Kastration von Böckchen Kastrationsabszesse entstehen können.
Dann passierte es auch bei mir und zwar nach der Kastration von Riley, einem erst fünf Monate alten Bock und auch bei Snowy, der mittlerweile über zwei Jahre alt war. Trotz täglichem Kontrollieren der Wunde von Anfang an, entstand wohl in der Tiefe ein Kastrationsabszess. Bei Riley war dies in der fünften Woche nach seiner Kastration. Ich holte Riley zum wöchentlichen MS-Check raus, und noch bevor ich ihn auf die Waage setzen konnte, öffnete sich der dicke Knubbel und es floss übelriechender, schleimiger Eiter mit Blut vermischt heraus.
Als habe man nur auf den MS-Check gewartet! Leider war es Ostermontag, wie so häufig, dass die Tiere krank werden, wenn der reguläre Tierarzt nicht da ist. Ich setzte Riley direkt in die immer bereitstehende Transportbox und rief in der hiesigen Tierklinik, die 24-Stunden-Notdienst hat, an. Die freundliche, weibliche Stimme am anderen Ende der Telefonleitung teilte mir mit, dass es bis zu drei Stunden dauern könnte, es seien sehr viele Notfälle da. Nun gut, wer hat an Ostermontag nichts Besseres zu tun, als sich stundenlang in der Tierklinik aufzuhalten?

Also fuhr ich mit Riley in der Transportbox zur Tierklinik und reihte mich bei den dort wartenden Tierbesitzern ein. Natürlich gab ich Riley noch Heu zum Knabbern und ein wenig Frisches sowie seinen Kuschelsack mit in die Transportbox. Aber leider fraß er weder Heu noch frisches Gemüse. Er hockte in der hintersten Ecke des Kuschselsacks, als wollte er sich unsichtbar machen. Zweieinhalb Stunden vergingen, dann war Riley an der Reihe. Kastrationsabszess, die junge Tierärztin spülte die offene Wunde mit einer desinfizierenden Lösung aus. Riley bekam Antibiose und Schmerzmittel mit auf den Heimweg. Außerdem hieß es nun mit Brei zufüttern und auch die Magen-Darmflora zu stärken, da sich öfters die Antibiose negativ auf die Magen-Darmflora auswirkt.

Aber damit war es nun nicht getan, denn die nächsten Tage ging es mit Riley täglich zur eigenen Tierärztin, die dann die Wunde mit einer desinfizierenden Lösung spülte, bis kein Eiter mehr herauskam, und dann durfte es heilen. Leider sind diese Kastrationsabszesse nicht ganz ungefährlich, es passiert zwar sehr selten, aber der Eiter kann sich durchaus in der Bauchhöhle (ein Ultraschall könnte hier Klarheit bringen) verteilen und das führt meist, wenn es nicht sofort operativ entfernt wird, zum Tode des Meerschweinchens.

Snowy hat mir den Kastrationsabszess erst eineinhalb Monate nach seiner Kastration offenbart, womit man zumeist schon gar nicht mehr rechnet, umso wichtiger ist der wöchentliche Meeri-Check. Bei beiden Meeris ging die Wundheilung sehr schnell. Sollte das betroffene Meeri gut drauf sein, würde ich persönlich sogar eher auf eine Antibiose verzichten, weil dies leider mit Nebenwirkungen einhergehen kann, wie Appetitlosigkeit, deren Folge dann Aufgasung heißt. Die nächste Zeit sollte aber die Wunde im Auge behalten werden. Sollte sie dicker werden oder sich verändern, direkt bitte wieder den Tierarzt aufsuchen. Kastrationsabszesse können z.B. durch Fäden entstehen, also Fremdmaterial, welches zum Abbinden der Samenstränge benutzt wird. Allerdings arbeiten die Tierärzte hier auch unterschiedlich.

Noch etwas konnten wir über die Jahre hinweg beobachten, dass junge Meerschweinchen, die vor oder in der Geschlechtsreife sind, durch hormonellen Stress Hautpilz bekommen können.

Schilddrüse

Die Schilddrüse ist ebenso ein hormonelles Organ und wichtig für die Regulierung des Stoffwechsels. Ob eine Schilddrüsenüber- oder Unterfunktion vorliegt, kann durch ein großes Blutbild, indem man den Wert T3/T4 testen lässt, festgestellt werden. Es gibt hierzu gute Behandlungsmöglichkeiten seitens der tierärztlichen Medizin, aber auch naturheilkundlich. Gerade nach Kastrationen von Meerschweinchen ist es wichtig nach vier bis sechs Monaten eine Blutabnahme machen zu lassen, um die Schilddrüsenwerte zu testen, denn durch die Kastration kann es hier möglich sein, dass sich die Schilddrüse verändert.

Anzeichen einer Schilddrüsen-Unterfunktion:

Hyperthyreose (Unterfunktion), die häufiger bei Meerschweinchen auftritt:

- Fellprobleme
- Gewichtsabnahme
- Unruhe, Bromseln
- Vermehrtes Trinken

Alternative Behandlung:

Bei einer Schilddrüsen-Unterfunktion:

- **TWS 300 mg** – chinesische Heilkräuter.
- **Reishi und ABM Extrakt** – Regulation des hormonellen Systems.
- **Cordyceps Extrakt** wirkt auf der psychischen Ebene ausgleichend.

Bei einer Schilddrüsen-Überfunktion:

- **SWS 300 mg** – chinesische Heilkräuter.
- **Reishi und ABM Extrakt** – Regulation des hormonellen Systems.
- **Cordyceps Extrakt** wirkt auf der psychischen Ebene ausgleichend.

Die Nebennierenrinde produziert das Hormon Cortisol, dies kann auch in einem Blutbild überprüft werden. Allerdings seltener beim Meeri vorkommend, eher beim Hund – Cushing-Syndrom. Hier würde man den **ABM Vitalpilz** (Extrakt) einsetzen.

Intimpflege bei Böckchen und Kastraten
Penis und Perinealtasche

Penis:

Wir haben beobachtet, dass sich vor allen Dingen kastrierte Böckchen nicht mehr selbst um die Intimpflege ihres Penis kümmern und so bist Du in der Pflicht, ihn zu reinigen. Zu Anfang ist dies sicherlich nicht ganz einfach, da er klein und sehr zart ist. Lege Dir ein sauberes, feuchtes Tuch bereit oder auch Wattestäbchen. Streiche vom Bauchansatz, wo man den Anfang des Penis fühlt, nach vorn, mit etwas Übung kommt er dann raus und Verschmutzungen durch festgeklebtes Sekret, Streu etc. sind ganz vorsichtig zu entfernen. Sollten die Verschmutzungen fester sein, hilft auch etwas Babyöl zum Reinigen.

‚Teddy', Kastrat, durfte für die beiden nächsten Fotos herhalten.

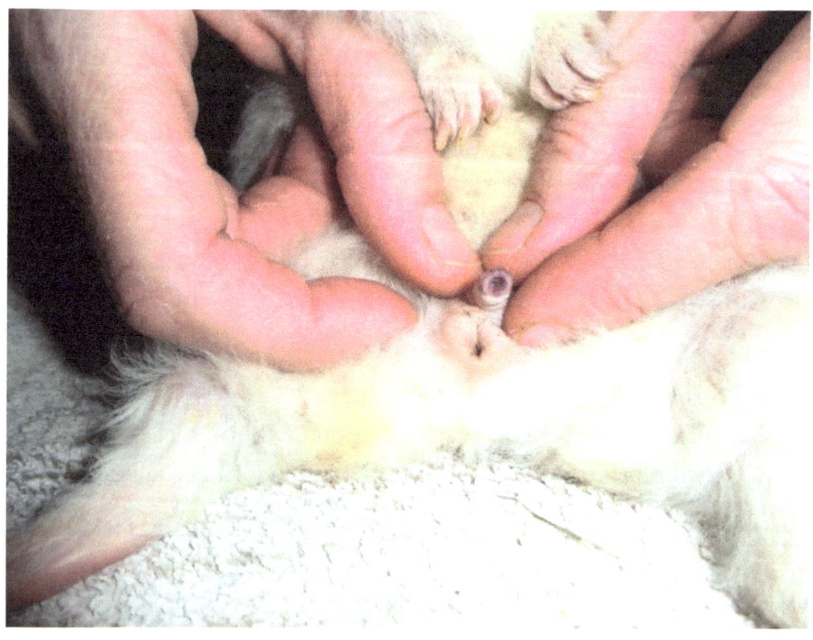

Perinealtasche:

Die Perinealtasche ist die ‚Stinkekammer' schlechthin und sitzt unter dem Penis. Dort lagern sich Streu-, Heu- sowie auch Kotreste ab.

Wenn dies nie sauber gemacht wird, können sich dort auch Entzündungen bilden. Auch für das ‚Austüten' – Umkrempeln der Perinealtasche bedarf es sehr viel Einfühlungsvermögen, nicht immer klappt dies auf Anhieb. Zuvor lege Dir alles bereit, feuchtes, sauberes Tuch, Babyöl, Wattestäbchen, um auch in die kleinste Ritze zu kommen. Am besten macht man es zu zweit, einer hält das Meerschweinchen hoch an seinen Körper, die Bauchseite des Meeris zeigt nach vorn und der andere hat nun beide Hände frei, in einer Hand schon Wattestäbchen/Tuch und mit der anderen klappt man die Perinealtasche aus. Nun sind die Verschmutzungen sichtbar. Diese Reinigung ist Übungssache und die Böckchen sind davon auch nicht gerade begeistert, aber wir sind für die Gesunderhaltung verantwortlich.

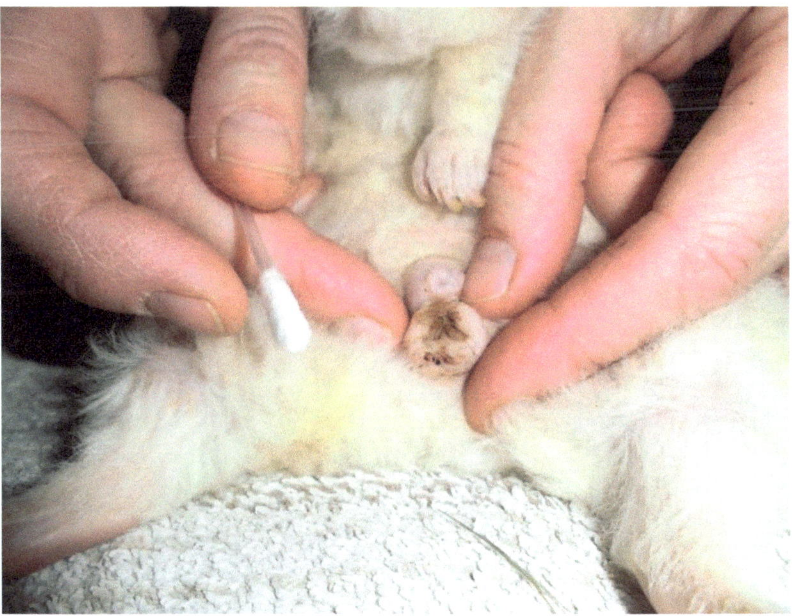

Und ca. 1 cm darunter mit Fell versteckt (am besten fühlst Du es, wenn das Meeri normal sitzt) ist die Kaudaldrüse. Sie sondert ein Sekret ab, was die Böckchen, wenn sie mit dem Po über den Boden rutschen, zur Markierung absetzen. Die Kaudaldrüse verklebt durch das Sekret und sollte regemäßig kontrolliert und bei Bedarf mit etwas Babyöl saubergemacht werden, sonst könnten dort Abszesse entstehen. Leider hat sich Teddy geweigert, still sitzen zu bleiben, um auch davon ein Foto zu machen, selbst die anderen Kastrate weigerten sich.

Die Kaudaldrüse gibt es bei den Mädchen auch und ist dort auch zu säubern.

Augenverletzungen

GRUNDSÄTZLICHES zu den Augen der Meerschweinchen:
Sie werden mit geöffneten Augen geboren. Die optischen Achsen beider Augen bilden einen Winkel von 340°, max. stehen davon 76 % als Gesichtsfeld zur Verfügung. Sie sind in der Lage, Farben wie rot, gelb, grün und blau zu unterscheiden.
Weiße Flüssigkeit, die aus den Augenwinkeln hervortreten kann, ist die Putzflüssigkeit, die das Meerschweinchen mit der Pfote durch Reiben am Auge zum Vorschein bringt.

Meerschweinchen können die Augen reflexmäßig nicht so schnell schließen wie wir Menschen, deshalb passiert es auch öfters, dass sie Augenverletzungen durch Heu haben. Sie wühlen gern im frischen Heuhaufen, und wenn ein harter Heuhalm am falschen Platz liegt, ist es schnell geschehen. Meist kneifen die Meeris dann die Augen zu, gehen in den Rückzug und das Auge tränt, die Linse ist getrübt und die Bindehaut geschwollen. Sollte ein Heuhalm mitten im Auge stecken, bitte ziehe diesen nicht selbst raus, lasse es den Tierarzt machen, es kann sonst größeren Schaden anrichten. Liegt der Heuhalm oder Granne auf der Pupille oder in der Bindehaut, kann der Tierarzt dies mit Hilfe einer Pinzette herausholen, bitte mache auch dies nicht selbst. Augenverletzungen müssen unbedingt medizinisch versorgt werden, sie können für die Eintrübung/Sehbeeinträchtigung der Augen, sogar für Erblindung sorgen und sind sehr schmerzhaft. Erinnere Dich bitte daran, wenn Du NUR eine Wimper im Auge hast, was dies für Schmerzen verursacht. Der Tierarzt wird feststellen können, ob eine tiefere Verletzung vorliegt oder ob nur die Oberfläche/Hornhaut verletzt ist. Dies ist mit der Anfärbung der Augenoberfläche durch einen Fluorescein-Test möglich. Danach wird dann auch die Behandlung entschieden.
Zumeist bekommt man ein Hornhautregenerativum sowie eine antibiotische Augensalbe/Tropfen. Sollte ein Vitamin-A-Mangel vorliegen, das zeigt sich aber meist erst, wenn die Augenverletzung nicht heilt, hier hilft

eine spezielle Augensalbe mit Vitamin A. Sehr wichtig ist es, da die Augenverletzungen so schmerzhaft sind, dass sogar das Fressverhalten dadurch negativ beeinflusst werden kann, auch ein Schmerzmittel zu geben, vorzugsweise drei Tage. Dann solltest Du die ersten drei Tage auch nachts aufstehen und die Salben im Wechsel alle drei Stunden geben. Tagsüber je öfter, desto besser. Die Heilung einer Augenverletzung dauert meist zwischen 2-3 Wochen, je nach Schwere der Verletzung. Bitte lasse dies durch den Tierarzt nochmals kontrollieren, ob die Augenverletzung auch vollkommen ausgeheilt ist. Auch durch Bisswunden können Augenverletzungen entstehen, z.B. bei Rangordnungskämpfen.

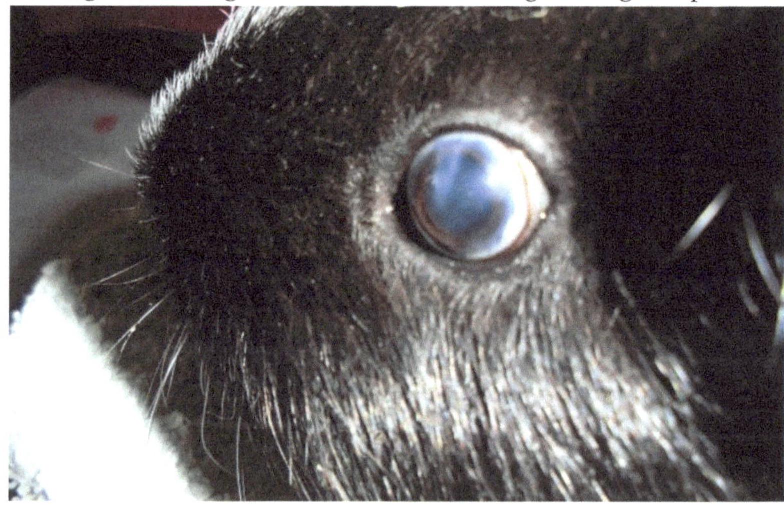

MS-Dame Lilly und das verletzte und unbehandelt gebliebene linke Auge, welches eingetrübt ist.

‚Lilly‘ (wir holten Lilly aus einer Internet-Kleinanzeige) berichtet und das stellvertretend für viele ihrer Artgenossen:

Hallöchen,

ich bin Lilly, ein Glatthaar-Meerschweinchen in Weiß/Schwarz. Weil ich ein angenommenes Geburtsdatum, nämlich den 08.07.2014 bekommen habe, bin ich viereinhalb Jahre alt. Leider bringe ich z.Z. nur 916 g auf die Waage – viel zu wenig für eine wie mich …
Mein bisheriges Leben habe ich in Schlechthaltung (viel zu kleiner Käfig, falsche Ernährung u.v.m.) fristen müssen. Zum Glück wurde dieser Zustand irgendwann den Betreiberinnen der Meeri-Notstation bekannt und sie haben alles darangesetzt, mich aus der misslichen Lage zu befreien …
Am 11. Dezember 2018 war es soweit und ich durfte als Gnadenhofmeeri in die Notstation umziehen, wo ich den Rest meiner Tage verbringen darf.

Besonderes Glück habe ich … Ich durfte in die ‚Zentrale‘ einziehen, denn es wurde festgestellt, dass ich sehr krank bin. Die Entscheidung fiel, dass es der

jahrelangen Erfahrung von Heike bedarf, um mich wieder fit für ein hoffentlich noch langes, künftig glückliches Meerschweinchenleben zu machen.
Am Tag nach meinem Einzug in die Meeri-Notstation wurde ich der Tierärztin vorgestellt und musste einiges über mich ergehen lassen, so z.B. den für Nager wichtigen Zahn-Check. Der stellte sich glücklicherweise als o.k. heraus. Das anschließende Röntgen ergab keine Aufgasung, keinen sichtbaren Blasenstein in der Harnröhre und keine Arthrose im Rückenbereich. – Was für ein Glück …

Starke Schmerzen bereiten mir die vorhandenen Ballenabszesse an den Hinterpfoten. Das sind offene Wunden, die ab sofort täglich mehrfach gesalbt werden. Eine schlimme Augenverletzung, die nicht behandelt wurde, habe ich auch. Das hat dazu geführt, dass das gesamte Auge eingetrübt ist. Augenverletzungen sind sehr schmerzhaft. Stellt Euch vor, wie schlimm es ist, eine Wimper im Auge zu haben, die nicht einmal eine Verletzung im eigentlichen Sinne ist. Wie ungleich schlimmer sind dann erst Augenverletzungen …

Ob ich der Schmerzen wegen zusätzlich vorübergehend auf Schmerzmittel gesetzt werde, wird noch entschieden.
Ein von der Tierärztin durchgeführter Tastbefund ergab Eierstockzysten rechts und links in einer Größenordnung von jeweils 5 x 4 cm. Heike hat das auch gefühlt, das Ausmaß allerdings nicht so hoch eingeschätzt. Das hörte sich nicht gut an …
Wie sich herausgestellt hat, leide ich unter Pelzmilben. Deshalb mutet mein Fell an wie von Motten zerfressen. Das sieht nicht nur ungepflegt und unschön aus – es juckt entsetzlich und ständig. Das bereitet mir wahnsinnigen Stress.

Nicht nur ich muss gegen Pelzmilben behandelt werden, sondern alle Meeris, mit denen ich inzwischen in der Notstation in Kontakt gekommen bin.
Sorry, liebe Freundinnen und Freunde. Das habe ich nicht gewollt. Schuld daran habe ich dennoch nicht, sondern diejenigen, die es vor meinem Umzug ignoriert und jetzt nicht rechtzeitig erkannt haben … Zu allem Überfluss muss

die Prozedur nach 14 Tagen wiederholt werden, um auch die Brut zu eliminieren.

Sofort hat Heike angefangen zu sammeln, um eine Drei-Tages-Kotprobe zusammenzubekommen, die sich als ‚clean' herausgestellt hat. Mir fällt ein imaginärer Stein vom Herzen …

Damit aber nicht genug! Weitere Untersuchungen habe ich noch vor mir. Das ist u.a. ein großes Blutbild incl. Feststellung der Schilddrüsenwerte, weil Heike sofort erkannt hat, dass ich auffallend viel trinke. Das könnten Anzeichen für Nieren- oder Schilddrüsenprobleme sein. Hört die ‚Problemliste' denn überhaupt nicht auf???

Ultraschall der Eierstöcke, Gebärmutter und Blase werden in den nächsten Tagen weitere Klarheit bringen. Weil Heike eine Flankenatmung vermutet, wird noch ein Herzsono fällig. Hoffentlich bestätigt sich Heikes Vermutung nicht, denn das würde auf ein Herzproblem hinweisen, das sich oft als Herzmuskelverdickung entpuppt. (Leider bestätigte es sich, Lilly hat ein Herzproblem: Aortenklappendysplasie).

Heike, die Betreiberinnen der Außenstellen und alle Tierfreundinnen und Tierfreunde sind über meinen Zustand zum Zeitpunkt des Einzugs in die Meeris-Nostation berechtigterweise entsetzt.

Waren meine bisherigen Menschen wirklich so blind, weder vorhandene offene Wunden und offensichtliche Verletzungen, noch den drastischen Gewichtsverlust zu erkennen und rechtzeitig zu handeln??? – War es Ignoranz, Geiz oder einfach nur Unkenntnis??? Als Kleintiere genießen meine Artgenossinnen und Artgenossen leider keine Lobby. Es gibt uns preiswert in Tierhandlungen, bei ‚Hobbyzüchtern' oder – und das ist wirklich der Gipfel – Internet-Kleinanzeigen zu haben. Erkennt man nicht, dass wir Lebewesen sind, die weder anspruchslos sind, noch in Kinderzimmern etwas zu suchen haben??? Viel zu selten wird sich vor der Anschaffung informiert, was eine, wie ich, für ein langes, glückliches Leben braucht. Das wäre doch sooooooo wichtig und kostet nur ein paar Stunden Lebenszeit.

Wie oft Artgenossinnen, Artgenossen und andere Kleintiere als Lebendfutter für Schlangen und andere Reptilien herhalten müssen, daran mag ich gar nicht denken.

Seit Jahren werden die Betreiberinnen der Meeris-Notstation ständig mit Fällen, wie ich mein bisheriges Leben erlebt und ertragen habe, konfrontiert. Viele Hunde und Katzen (… leider nicht alle), die in privaten Haushalten leben, dürfen sich Krankheiten ‚leisten', die wie selbstverständlich behandelt werden. Wir, die vielen betroffenen Kleintiere, sind auch Haustiere, die Leid und Schmerz empfinden. – Sind wir wirklich nichts wert??? – Wenn unsere Besitzer bei Erkrankungen nichts investieren wollen (… oder vielleicht können?), warum wird nicht wenigstens rechtzeitig kostenloser Kontakt mit erfahrenen Tierschützern aufgenommen oder für einen angemessenen Platz in einer Notstation gesorgt??? Warum lässt man uns so einfach sterben und kauft wie selbstverständlich preiswert neu …????
Unerkanntes … oder ignoriertes Leid wie bei einer wie mir ist so unendlich groß, dass Heike und ihr Team jedes Mal einer Ohnmacht nahe sind, wird ein weiterer Fall bekannt. Leider ist es nur die alleroberste Spitze des Eisbergs. Sehen und nur vereinzelt helfen können, ist für sie der größte Schmerz.

Ich habe es geschafft und einen Dauerplatz (Gnadenhof-Platz) ergattert. Das ist gut! Jetzt hoffe ich, dass meine Erkrankungen nicht zu weit fortgeschritten sind, um noch ein langes, glückliches Leben führen zu können. Darauf habe ich lange warten müssen … Ich denke, ich habe es verdient.

(Text: Renate Könen, Tierfreunde Rhein-Erft
http://www.tierfreunde-rhein-erft.de)

Info zum derzeitigen Zustand von Lilly: Sie hat sehr große Eierstockzysten beidseitig, Herzprobleme und auch auf dem rechten Auge ist der Augeninnendruck verändert, sie bekommt hierfür zweimal täglich Augentropfen, wir sagen dazu, sie ist eine ‚Vollbaustelle'. Viele Medis, TA-Besuche sind nötig, um ihr noch eine einigermaßen beschwerdefreie Zeit zu ermöglichen.

Augenentzündungen - Infektionen

Gründe der Entstehung: Zugluft, bakterielle oder virale Infektion. Bindehautentzündung erkennst Du, wenn Du das untere Augenlid etwas herunterziehst und die Bindehäute sind sehr gerötet, das Auge tränt. Bindehautentzündung: Ist von einem Auge auf das andere Auge übertragbar. Die Salbe oder Tropfen sind deshalb sehr sorgsam zu geben, um eine Übertragung auf das gesunde Auge zu vermeiden.
ALTERNATIVE: Kolloidales Silber – Augentropfen.
Anwendung: 6 x täglich einen Tropfen in das betroffene Auge träufeln. Täglich sind die Bindehäute anzuschauen, ob Besserung eintritt.
Auch ein massiver Vitamin-C-Mangel kann zu Augenveränderungen führen.

Lymphatisches Gewebe im Auge – oberes, unteres Augenlid.

Kastrat Jacob hatte das lymphatische Gewebe angegriffen und es hing im Auge. Es sieht sehr unschön aus und wir gingen davon aus, dass es ihn auch störte.
Gründe: Allergie gegen Einstreu/Heu/Staub oder angeboren.

Etliche Wochen mit zig verschiedenen Salben und Tropfen, selbst cortisonhaltige Salben, brachten keinen Erfolg. Erst als ich selbst mit der Behandlung mit **Kolloidalen Silber Augentropfen,** 6 x täglich ein Tropfen, begann, kam nach 14 Tagen der Erfolg. Wenn es sich um eine Allergie handelt, hilft zumeist eine cortisonhaltige Augensalbe/Tropfen Dexagent-Ophtal.

Weitere Augenerkrankungen:

Glaukom: Erhöhter Augeninnendruck, wird zumeist durch eine Abflussstörung des Kammerwassers (welches vom Auge produziert wird) hervorgerufen. Wenn sich Dein Tierarzt des Vertrauens damit nicht auskennt, frage nach einem Spezialisten, der auch den Augeninnendruck messen kann. Glaukome sind sehr schmerzhaft, das Meeri zieht sich zumeist zurück, stellt das Fressen ein.

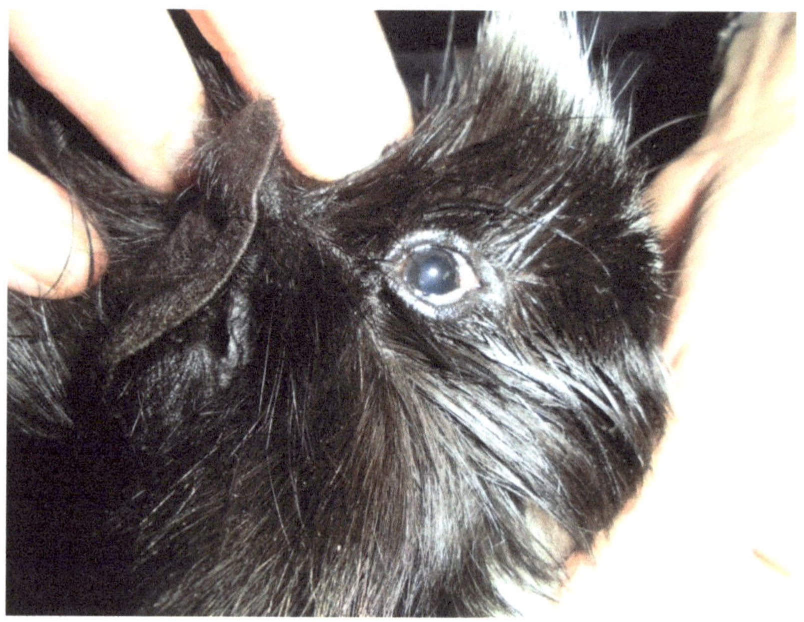

Katarakt: Linsentrübungen entstehen aufgrund des Alters, durch andere Erkrankungen wie Diabetes oder Vererbung. Damit haben wir wenig Erfahrung. Es sei denn, sie entstehen durch unbehandelt gebliebene Augenverletzungen.

Osseäre Choristie: Knochenbildung beginnt oft am äußeren Augenrand und stellt sich zumeist länglich dar. Es ist möglich, dass es nur ein, aber auch beide Augen betreffen kann. Die Ursache, wie dies entsteht, ist noch nicht richtig erforscht. Was wir aber feststellen konnten, die Meerschweinchen, die auch vermehrt mit Harngrieß zu tun haben, erkranken zumeist auch an der Osseäre Choristie auf zumindest einem Auge. Ob hier ein Zusammenhang mit einem zu hohen Calciumhaushalt besteht oder eher mit Vitamin C, ist unklar. Sollte die Erkrankung fortschreiten, bitte einen augenerfahrenen Tierarzt aufsuchen, auch ggfs. den Augeninnendruck messen lassen.

Atemwege

Erkältung, Bronchien, Lungenentzündung, Lymphdrüsen:

Erkältungen, worunter zuerst der Schnupfen zu verstehen ist, welcher unbehandelt schnell auf die unteren Atemwege/Bronchien schlagen und auch zur Lungenentzündung werden kann, ist durchaus auch ein Grund, warum Meerschweinchen abnehmen. Denn wie auch bei uns Menschen fühlen sich die Tiere dann matt, schlapp und leiden unter Appetitlosigkeit.
Erkältungskrankheiten sind übertragbar, das heißt, bei den Meerschweinchen untereinander, sowohl vom Menschen auf das Meerschweinchen (Zoonose), aber in seltensten Fällen auch vom Meerschweinchen auf den Menschen. Also achte bitte darauf, wenn andere Meerschweinchen aus der Gruppe auch anfangen zu niesen und zu schnupfen, dann müssen diese auch behandelt werden. Und wenn Du selbst stark erkältet bist, trage einfach zur Sicherheit beim Reinigen der Gehege und beim Futterschneiden einen Mundschutz und denke daran, Dir davor immer gut die Hände zu waschen oder dünne Gummihandschuhe zu tragen.

Deshalb sollte auch jeder Schnupfen behandelt werden, vielleicht nicht direkt mit einem Antibiotikum, es gibt hier auch Alternativen. Aber ein Schnupfen geht nicht von allein weg, also braucht das Meerschweinchen hier eine Unterstützung, um es vor weiteren Erkrankungen, z.B. der Bronchien und der Lunge zu schützen. Es gibt bei einem Schnupfen noch eine Möglichkeit, wenn das Meerschweinchen röchelt und das Röcheln ist eindeutig mit dem Stethoskop der Nase zuzuordnen. Dazu bin ich gerade etwas am Ausprobieren und möchte darüber noch nicht schreiben, aber Du darfst mich dazu gern persönlich kontaktieren.
Eine weitere Variante, wenn das Meerschweinchen röchelt und es sind nicht die Bronchien/Lunge – Erkältung, besteht durchaus die Möglichkeit, dass das Meeri auch Heu in der Nase hat.
Ja, das haben wir alles schon erlebt und auch hier gibt es Abhilfe. Denn die Meeris hängen beim Fressen mit ihrer Nase auch im Heu, und wenn

sie einatmen, kann ein Fitzelchen Heu durchaus in die Nase gelangen. Wenn es dann selbstständig durch Niesen nicht herauskommt, gibt es hier auch eine Möglichkeit – bitte mich kontaktieren.
Auch Polypen könnten eine weitere Möglichkeit sein, wenn das Meeri durch den Tierarzt mehrfach wegen Röchelns auf Erkältungserkrankungen hin untersucht wurde und diese ausgeschlossen wurden. Ebenso eine Lungenerkrankung, dies wäre mit einem Röntgenbild der Lunge zu klären.

Dann erlebten wir es auch schon, dass immer wiederkehrendes Geröchele bei einem Kastraten durch ein zu langes Gaumensegel ausgelöst wurde.

Auch die Lymphdrüsen, die sich beidseitig vom Kiefer befinden, können durch eine Erkältung anschwellen. Die Nase ist meist feucht und verklebt. Das Meerschweinchen niest des Öfteren. Mit dem Stethoskop lässt sich dann schon die verschärfte Atmung auch sehr deutlich hören. Wenn Du regelmäßig den Meerschweinchen-Check machst, wirst Du auch diese Krankheitsanzeichen viel eher mitbekommen.

Ist die Erkältung ganz am Anfang, helfen sehr gut:

Dampfbäder: Eine Transportbox, die vorne Gitterstäbe hat, ist hierfür optimal. Ein wenig Heu zur Ablenkung ist auch immer gut. Dann nehme eine kleine Schüssel, setze heißes Wasser auf, nehme einen Beutel Kamillentee und einen Beutel Husten- und Bronchialtee, lege die Beutel in die Schüssel mit heißem Wasser und stelle diese von außen vor das Caddy-Gitter. Lege ein großes Handtuch, welches ein Loch hat, damit die Hitze sich nicht so doll in der Transportbox staut, darüber und gönne dem Meerschweinchen 2-3 x täglich 5-10 Minuten ein Dampfbad.

Snuggle Safe ist ein Heizkissen für Tiere und wir setzen dies bei Erkältungen/Lungenentzündungen, Blasenentzündungen sehr gern ein, da die Meerschweinchen instinktiv wissen, dass die indirekte Wärme (Snuggle Safe unter ein Kuschi legen) ihnen guttut. Wenn sie genug haben, dann gehen sie aus dem Kuschi raus. Wir bieten den Meeris das dann tagsüber- sowie auch nachts und dies über mehrere Tage an.

Zur innerlichen Behandlung:

Bei leichtem Schnupfen im Anfangsstadium:

Variante I:
2 x täglich eine ½ Tablette **Engystol** (Immunsystem-Stärkung) von der Firma Heel sowie 1 Prise Vitamin C, Enchinacea Globuli zur körpereignen Abwehr sowie auch das Schüssler Salz Nr. 3 Ferrum phosphoricum D6 (Mittel gegen Entzündungen) 2 x täglich ½ Tablette in Wasser aufgelöst mit dem Spritzchen ins Mäulchen geben.

Variante II:
2 x täglich ½ Tablette **Sinusitis** (Schnupfen) von der Fa. Hevert sowie eine Prise Vitamin C, Kamillen- oder Erkältungstee kochen und abgekühlt mehrfach am Tag 1,0ml dem Meerschweinchen einflößen. Auch Propolis Globuli können gegeben werden.
Dazu täglich 0,5ml **Mucosa** (biologisches Heilmittel Fa. Heel – angegriffene Schleimhäute) sowie 0,5ml **Phosphor homaccord ad us vet.** (ebenfalls Fa. Heel)

Alternativ kann man hier auch die **Kolloidale Silber Tropfen** (nicht die Augentropfen) einsetzen. Mehrmals täglich 2 Tropfen oder 3 x täglich 5 Tropfen. Die Kolloidalen Silber Tropfen sind gegen **Bakterien**, aber auch gegen **Viren**.

Sollten die Bronchien schon angegriffen sein, dies kann man sehr gut mit dem Stethoskop hören, denn dann hört man nicht nur die Herzgeräusche, sondern auch schwere Atemgeräusche, bis hin zum Röcheln. Hier kann abgekühlter Salbeitee, mehrmals täglich 1,0ml geben, helfen. Sollten

sich die Symptome nicht innerhalb von 3-4 Tagen verbessern, das Meerschweinchen unbedingt dem Tierarzt vorstellen.
Bei Bedarf dann eine 10-14-tägige Antibiose vom Tierarzt verordnen lassen. Bitte aber darauf achten, dass das Meerschweinchen frisst, denn es kann nach 3-4 Tagen der AB-Gabe zur Appetitlosigkeit kommen. Eine halbe Stunde vor der AB-Gabe kann von der Fa. Albrecht Lactulose gegeben werden, dann wird das AB besser vertragen.
Für die Bronchien: **Bronchi Plantago Globuli** von der Firma Wala, mehrmals täglich 5 Globuli in Wasser aufgelöst mit dem Spritzchen ins Mäulchen geben und weiterhin 2-3 x täglich Dampfbad mit dem Meerschweinchen machen.

Lungenentzündung:

In jedem Fall ist es ratsam, eine Antibiose zu geben, aber auch zusätzlich Vitamin C. Weiterhin Dampfbäder mit dem Meerschweinchen machen. **Lindenblütentee** kochen und abgekühlt dem Meerschweinchen mehrmals täglich 1,0ml davon einflößen.

Bei Fieber kann **Belladonna D3** mehrmals täglich 5 Globuli in Wasser aufgelöst mit dem Spritzchen ins Mäulchen gegeben werden. Immer im zeitlichen Abstand von mindestens einer Stunde zur Antibiose oder auch anderen Medikamenten geben. Fiebermessen bei Meerschweinchen solltest Du nicht selbst machen, überlasse es dem Tierarzt, es ist nämlich nicht so einfach, da man das Fieberthermometer nicht ganz gerade einführen kann, da ist ein Knick und wenn man es ganz gerade einführt, tut man dem Meeri sehr weh. Außerdem gibt es auch spezielle Fiebermessgeräte für Tiere.

Schwere Erkältungen und Erkältungen, die unbehandelt bleiben, können auf den Herzmuskel schlagen, das heißt, das Herz erkrankt und dies könnte dann ggfs. sogar Wasser in der Lunge nach sich ziehen. Ob eine Herzmuskelverdickung vorliegt, kann der Tierarzt im Herzsono sehen.

Wenn es zeitig erkannt wird, hilft folgendes, das ich schon mehrmals erfolgreich eingesetzt habe:

Für das Herz und den Herzmuskel:

JSO Bicomplexmittel der Schüssler Salze Nr. 12 Herzmittel und das JSO Bicomplexmittel der Schüssler Salze Nr. 29 – Muskelmittel

Hier sollte in jedem Fall ein Röntgenbild von der Lunge gemacht werden, um auszuschließen, dass sich schon Wasser in der Lunge gebildet hat. Bei Wasser in der Lunge wird vom Tierarzt ein Entwässerungsmittel eingesetzt, dies darf aber nur ganz kurzfristig gegeben werden, da es den ganzen Körper entwässert, somit auch alle Vitamine, Mineralstoffe und Spurenelemente ausschwämmt.

Alternative:

Polyporus Vitalpilz-Extrakt – dieses Vitalpilz Extrakt entwässert – aber es werden nicht die wichtigen Mineralstoffe, Spurenelemente und Vitamine herausgespült!

Ohren

Grundsätzliches zu den Ohren:

Meerschweinchen haben ein sehr gutes Gehör. Die ‚Ohrschnecke' hat vier Windungen, im Gegensatz zu Mäusen, Ratten und dem Menschen, die nur 2 ½ Windungen haben. Somit können sie sehr gut hören und dies in einer Frequenz von 33.000 Schwingungen pro Sekunde. Sie können ihren Menschen an den Schritten und der Stimme erkennen, wenn dieser den Raum noch gar nicht betreten hat.

Unterschiedliche Rassen, unterschiedliche Ohren. Die einen Ohren hängen und die anderen sind aufgestellt. Auch die Bildung des Ohrenschmalzes ist von Meeri zu Meeri unterschiedlich. Ich stellte komischerweise fest, dass Meeris, die weiße Ohren außen und in der Ohrmuschel haben, kaum Ohrenschmalz bilden. Bei schwarzfelligen Gesellen hingegen kann man fast wöchentlich die Ohren reinigen, als ob die schwarze Fellfarbe dann auch den Dreck anzieht. Das Reinigen ist mit Vorsicht durchzuführen. Ein sauberes, fusselfreies Tuch oder ein Wattestäbchen können Hilfe leisten. Bitte nur ganz vorsichtig den äußeren Rand der Ohrmuschel reinigen.

Sollte sich der Schmutz dort richtig ansammeln, kann auch der Ohrreiniger von www.naturheilkunde-bei-tieren.de helfen.

Auch eine altersbedingte Schwerhörigkeit ist bei unseren Senior-Meeris des Öfteren sehr gut erkennbar. Sie versuchen dann sehr viel mit dem Kopf auf sich aufmerksam zu machen. Sie recken das Köpfchen dann ganz besonders in die Höhe. Sie kommen aber mit dem altersbedingten oder sogar angeborenen Handicap sehr gut klar, da die Nase bei den Meeris das Organ ist, womit sie ihr Futter finden.

Bestimmte Rassen, wie z.B. US-Teddys neigen zu Milbenbefall im Innenohr. Sie haben zumeist Schlappohren und das Innenohr bekommt kaum Luft. Bei Stress, Veränderungen im Rudel oder Krankheit, kann es dann durchaus passieren, dass die Milben überhandnehmen und behandelt werden müssen. Ein Milbenbefall sorgt auch für Juckreiz, was die

Tiere dann zusätzlich belastet. Der Milbenbefall kann mit der tierärztlichen Medizin namens **Surolan**, welches Cortison enthält, behandelt werden.

Es gäbe aber auch eine Alternative bei
www.naturheilkunde-bei-tieren.de.

Es ist die **Kolloidale Silber Salbe.** Diese wird mehrfach am Tag dünn auf das Innenohr, z.B. auch mit einem Wattestäbchen, aufgetragen, mindestens 7 Tage lang.
Gegen den Juckreiz kann 3 x täglich, alle 8 Stunden, 1 Tropfen Fenistil in 1ml Wasser oral eingegeben werden.

Ballenabszesse

Mögliche Gründe wie Ballenabszesse entstehen können:

- Verletzungen der Ballen – Entzündung durch Bakterien/Viren.
- Nasser Untergrund/Streu – Unsauberkeit.
- Zu kleiner Käfig – keine Bewegungsmöglichkeiten, Krankheit – z.B. bei Aufgasungen mögen sich die Meeris vor lauter Bauchschmerzen kaum bewegen.
- Bei Einzelhaltung fehlt dem Meerschweinchen die Motivation, sich bewegen zu wollen.
- Übergewichtige Meerschweinchen – bewegen sich aufgrund des Übergewichts auch weniger.
- Arthrose in den Vorder- oder Hinterbeinengelenken-/Rückenbereich führt ebenso zu Schmerzen und Bewegungsunlust.

Ballenabszesse sind schmerzhaft und die Behandlung ist sehr langwierig. Tiermedizinisch wird ein Antibiotikum sowie auch Schmerzmittel gegeben. Zumeist rät der/die Tierarzt/in dazu, die betroffene Pfote mit einem Pfotenverband zu versehen. Das ist natürlich die beste Lösung, die Pfote ist druckgeschützt und kann dick eingesalbt werden. Leider weicht hier die Theorie von der Praxis ab. Der Pfotenverbandswechsel sollte alle drei Tage gemacht werden, damit neue Salbe auf die Wunde kommt.

Der Pfotenverband darf auch nicht zu eng sein, dass es die Extremitäten abschnürt. Bei mir hat so ein Pfotenverband nicht geklappt, aus dem Grunde, weil sich das Meerschweinchen geschlagene drei Stunden nicht einen Zentimeter von der Stelle bewegt hat. Das heißt natürlich auch – kein Heu gefressen hat. Was mich dazu bewog, bevor ich dann noch weitere gesundheitliche ‚Baustellen' dazubekam, den Pfotenverband wieder abzunehmen. Denn ein Nichtfressen endet dann mit einer Aufgasung.

Auf der Suche nach einer neuen Lösung stieß ich auf ein klebefreies Pflaster, namens Snögg Soft 1 (in der Apotheke erhältlich), aber auch

Hühneraugenpflaster der Firma Compeed, **ohne Salicylsäure** helfen hier sehr gut. Probiere aus, womit Dein krankes Meeri klarkommt.
Aber auch etwas Mullverband mit Salbe und dann mit dem klebefreien Pflaster Snögg Soft 1 verbunden, funktioniert sehr gut oder ein Flex-Tape.
Aber damit das Meerschweinchen auch weiterhin gut frisst, versorgte ich die Pfote so oft es ging mit diversen Salben, mit denen ich zuvor schon sehr gute Erfolge erzielt hatte:

- **Kolloidale Silber Salbe antibakteriell u. antiviral**
- **Manuka Lind Salbe – mit Manuka Honig**
- **Vulno Plant von Planta Vet**
- **Propolis Salbe**
- **Ringelblumensalbe**
- **Traumeel-Salbe**
- **Heilerde mit etwas Wasser anrühren und auf die Wunde machen**

Weiterhin gäbe es noch das **Reishi Vitalpilz Extrakt,** dies hilft bei Wundheilstörungen, hemmt Viren und Bakterien und wird auch bei geschwürigen Hautveränderungen eingesetzt.

Im Wechsel und immer nach den Mahlzeiten machte ich dann folgendes: ein Stück Verbandsmull – schnitt es auf Wundengröße zu, tränkte dies mit einer der Salben, schnitt zuvor das klebefreie Pflaster der Länge nach so zurecht, dass es einmal um die Pfote passte und verband die Pfote. Den kleinen ‚Verband' ließ ich dann ca. zwei Stunden drauf, da das Meerschweinchen mit vollem Bauch nun ruhte, dann nahm ich das Pflaster nebst Zellstoff wieder ab und salbte die Wunde nochmals ein. Wie ich zeitlich konnte und zuhause war, salbte ich 2-3 x stündlich.

‚Sky', so hieß die Meeri-Dame, hatte, so glaube ich, nach spätestens drei Tagen die Schnute von meiner Hartnäckigkeit voll. Aber Ballenabszesse brauchen Wochen, um zu heilen, da die Hautschicht abheilen muss.

Dies ist einer der langwierigsten Prozesse und es braucht einen langen Atem, wann immer man kann, salben, pflastern, salben, pflastern. Bei

Sky entwickelte sich der Ballenabszess durch Arthrose in den Vorderbeingelenken und so war es nun an mir, auch etwas gegen die Arthrose zu finden. Diese Diagnose zeigte sich in einem Röntgenbild.

Damit das Meerschweinchen nicht immer auf den Rücken gedreht werden muss, wenn man die Ballen kontrollieren möchte, hilft hier ein kleiner Taschenspiegel, den man einfach unter die Ballen halten kann, um zu sehen, wie es darunter aussieht. Für das Meerschweinchen in jedem Fall stressfreier.

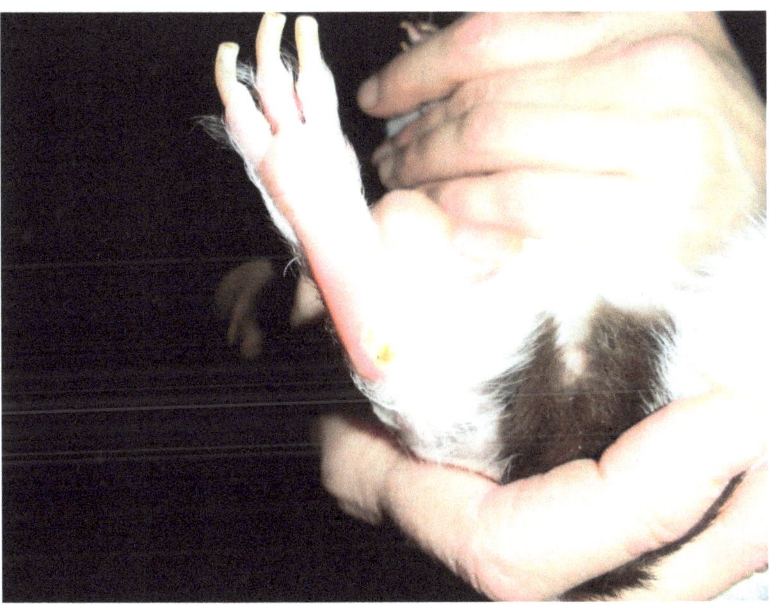

Foto vom bereits angeheilten Ballenabszess der Meeri-Dame ‚Lilly'.

ARTHROSE
in den Beingelenken/Rückenbereich

Normalerweise wird das Meerschweinchen über einen längeren Zeitraum unter Schmerzmittel gesetzt, was mir aber nicht behagt, da die Schmerzmittel immer über die Leber und Niere abgebaut werden und dadurch dann auch andere Erkrankungen entstehen können. Jedenfalls wollte ich Sky nicht die tierärztlichen/humanmedizinischen Schmerzmittel geben, da diese auch bei dauerhafter Gabe Nebenwirkungen haben.

Ebenso gibt es gegen die Arthrose bei den chinesischen Heilkräutern eine sehr gute Kombination, die mir schon einen sehr guten Erfolg bei meiner alten Hündin brachte und auch bei Sky, einer über 5 Jahre alten Meeri-Dame (leider starb sie später an einer Aufgasung).

Drynaria in der Kombination mit **Rejoint** und als Schmerzmittelalternative **Analgos.**

Sind die Vorderbeingelenke betroffen, kann man noch das **Frontmotion** geben und bei den Hinterbeingelenken das **Backmotion**. Diese Kombination darf dauerhaft gegeben werden und hat keine Nebenwirkungen. Ratsamer ist es aber, es einschleichen zu lassen.

Auch das **Schüssler Salz Nr. 1 Calcium fluoratum D12** – da es eine chronische Erkrankung ist, kann dauerhaft gegeben werden. Die Dosis bei einem 1-Kilo-Meerschweinchen wäre morgens und abends ½ Tablette in Wasser auflösen und mit dem Spritzchen ins Mäulchen geben.

Aber auch bei den Vitalpilzen gibt es das **Shiitake Extrakt,** dieses Vitalpilz-Extrakt stärkt das Immunsystem, die Knochen und kann bei Arthrose/Arthritis eingesetzt werden.

Auch **Grünlippmuschel-Extrakt** kann ausprobiert werden, bitte immer von der Dosis her einschleichen lassen und Magen-Darm/Köttel beobachten.

Auch **Zeel comp. N** von der Firma Heel eignet sich für die Therapie rheumatisch und athrotisch bedingter Gelenkprobleme.

Bitte lasse Deinem Meeri niemals Paracetamol oder Ibuprofen geben, dies ist für Meeris unverträglich!

Verspringen – Verstauchungen:

Meerschweinchen sind in jungen Jahren durchaus sehr beweglich und springen auch auf Unterstände und Häuser. Es kann durchaus vorkommen, dass sie sich ‚verspringen'.
Hier hilft das Salben mit der **Traumeel Salbe** und für innerlich dann die **Traumeel-Tabletten**. Jedoch sollte beim Tierarzt/in durch ein Röntgenbild abgeklärt werden, dass kein Beinchen gebrochen ist, sondern nur verstaucht. Für 3-4 Tage sollte dann auch ein Schmerzmittel gegeben werden, alternativ das **Analgos**.

Magen-Darm-Trakt

Der Magen-Darm-Trakt ist eines der sensibelsten und wichtigsten Organe bei den Meerschweinchen, denn wenn dieser nicht oder nicht richtig funktioniert, kann dies das Todesurteil sein. Ich spreche hier aus Erfahrung. Mein erstes Meerschweinchen, namens Amy, starb an einer Aufgasung und weitere Fälle mit lebensbedrohlichen Aufgasungen und auch Todesfällen folgten im Laufe der Jahre. Meerschweinchen mit Aufgasungen gehören **SOFORT** in tierärztliche Behandlung.

Wie funktioniert der Magen-Darm?

Das Futter wird mit den Vorderzähnen aufgenommen und in der hinteren Maulhöhle durch die Backenzähne mit Speichel eingeweicht und zermahlen. Von der Speiseröhre geht es dann ab in den Magen.
Von dort aus in den Zwölffingerdarm, da liegt dann auch der Gallengang und der Ausführungsgang der Bauchspeicheldrüse.

Dann kommt der Futterbrei in den Leerdarm, dann in den Krummdarm (Leerdarm und Krummdarm sind ca. 120cm lang), wo der Futterbrei weiter mit Enzymen aufgespalten wird, dann erst in den Dickdarm (ca. 80cm lang), der für die Zelluloseaufspaltung verantwortlich ist. Der Blinddarm (ca. 15cm) liegt gekrümmt an der linken, hinteren, äußeren Seite und ist in drei Abschnitte geteilt (hier wird auch der Klopftest wegen Aufgasung gemacht).

Die im Blinddarm befindlichen Bakterien sind für die Aufspaltung und Bildung von Vitaminen lebenswichtig. Im Blinddarm wird der Kot durch Eiweiß und Vitamine angereichert und der sogenannte Blinddarmkot gebildet, den die Meeris dann auch selbst fressen. Dort befinden sich die grampositiven Bakterien, die die Meeris für ihre funktionierende Verdauung brauchen.
Dieser sogenannte ‚Stopfdarm' muss immer Futternachschub/besonders Heu haben, da der Stopfdarm kaum eine eigene Darmbewegung hat (wir Menschen haben eine eigene Darmbewegung). Es muss also

dauernd ‚nachgestopft‘ – gefressen werden, um den Magen-Darm am Leben zu erhalten.
Eine Aufgasung verursacht beim Meerschweinchen folgende Krankheitsanzeichen:

- Das Aufnehmen von Futter/Wasser wird eingestellt, manchmal wird auch zuerst weniger gefressen und ich habe sogar schon gesehen, dass mich das Meerschweinchen wohl in dem Glauben lassen wollte, es frisst, denn es steckte den Kopf ins Heu und suchte mit der Nase, aber fraß letztendlich nichts, also bitte genau beobachten.
- Das Meerschweinchen sitzt mit gesträubtem Fell still, zumeist mit dem Kopf zur Wand.
- Bewegt sich kaum noch.
- Schmerzlaute.
- Absolut akut ist es, wenn das Meerschweinchen auch den Päppelbrei ablehnt und dieser nicht mehr geschluckt wird bzw. wieder aus dem Mäulchen läuft.

Aufgasungen können mit dem **Klopftest** festgestellt werden. An der linken Flanke (dort ist der Blinddarm gelagert) klopft man leicht mit Zeige- und Mittelfinger, hört sich dies hohl wie eine Trommel an (bei Kaninchen nennt man es auch Trommelsucht), ist das Meerschweinchen aufgegast (Tympanie). Dieser Klopftest ist auch Bestandteil des wöchentlichen MS-Checks. Im Sommer bzw. wenn das Wetter schwül und feucht ist, sollte man seine Meerschweinchen täglich checken, ob der Bauch noch weich ist, eine lebenswichtige Vorsorge. Allerdings gibt es auch Luft im Magentrakt, was nur im Röntgen darstellbar ist. Die Anfänge von Aufgasungen sind im Röntgenbild darstellbar.

Auch eine Magendrehung, aufgrund hochgradiger Aufgasung haben wir hier schon erlebt. Dies ist normalerweise bei Hunden der Fall und die Tierärztin gab mir kaum eine Chance für eine Heilung.
Aber das ist für mich dann immer noch mehr ein Grund zu kämpfen und MS-Dame Lilli, die dies hatte, bekam ich wieder gesund, es hatte allerdings drei Wochen des alle Zwei-Stunden-Päppelns gedauert.

Grundsätzliches zum Magen-Darm-Trakt:

Die Verdauungsphase von der Futteraufnahme bis zum Ausscheiden der Köttel dauert ca. 3 Tage und länger. Hier kommt es auch darauf an, welches Frischfutter gefüttert wird. Ist es leicht oder eher schwer verdaulich? Zu dem leicht verdaulichen Frischfutter gehören z.B. Kräuter. Schwer verdaulich sind Gemüse und Obst, welches auch Frucht-Zucker enthält, wie auch Möhren. Auch getreidehaltiges Trockenfutter (generell sollte Trockenfutter nicht gegeben werden, es ist kein natürliches Futter der Meeris) lähmt die Magen-Darm-Passage, wirkt sich außerdem noch negativ auf die Zähne aus und kann Blasensteine verursachen.

Meerschweinchen dürfen NIEMALS hungern, ausreichend sauberes Heu in guter Qualität darf ihnen immer zur freien Verfügung stehen und sollte mehrfach täglich frisch nachgelegt werden, denn sie selektieren nur das GUTE aus dem Heu, was sie auch verwerten können. Außerdem benötigen sie auch täglich frisches Wasser. Das Heu ist übrigens der ‚Transporteur', das heißt, ohne Heu würde der Magen-Darm zum Erliegen kommen.

Bei der Fütterung von Gemüse ist darauf zu achten, dass niemals verdorbenes oder angewelktes Gemüse gefüttert wird, dieses würde im Magen-Darm-Trakt gären und zu Aufgasungen führen. Auch bereits matschiger, welker oder älterer Salat führt zu Fehlgärungen im Magen-Darm-Trakt und verursacht Aufgasungen. Ebenso sollte das Gemüse nicht direkt aus dem Kühlschrank gefüttert werden, dies ist viel zu kalt. Vieles kommt aus dem Treibhaus und/oder ist mit Pestiziden oder Fungiziden gespritzt. Das Gemüse bitte immer schälen, mit dem normalen Abwaschen bekommt man dies nicht entfernt. Wer einen Schrebergarten hat und sein Gemüse/Obst selbst ohne Hinzufügen von Chemikalien anbaut, darf dies auch so füttern (gewaschen sollte es aber trotzdem sein).

Der Verdauungstrakt besteht aus dem Magen, dieser hat bei erwachsenen Meerschweinchen ein Fassungsvermögen von ca. 30ml.

Der Zwölffingerdarm, der Dünndarm, der Dickdarm und der Blinddarm haben eine Gesamtlänge von etwa 212-249cm, und dies sitzt alles in dem kleinen Meerschweinchen-Körper! Nur, dass Du eine Vorstellung hast.

Das Köttelfressen – des Blinddarmkots (Caecotrophie) – gehört dazu, das heißt, die Meeris fressen, wenn sich diese ‚gesunden Köttel‘ gebildet haben, ihre eigenen Köttel, diese sind ein wichtiger Bestandteil der gesunden Darmflora.
Ist die Magen-Darmflora aus dem Gleichgewicht, neigt das Meerschweinchen zu Aufgasungen (Tympanie). Allerdings gilt es auch hier noch zu unterscheiden:

- Aufgasung durch schlechtes, angegammeltes, verwelktes oder auch falsches Frisch- oder Trockenfutter.
- Aufgasung wegen Überfressens (in der Gruppe kann Futterneid herrschen, sodass noch gieriger und schneller gefressen wird und dies kann ebenso Bauchweh verursachen) – mein Pepe (Kastrat) ist so ein ‚Nimmersatt‘ und er frisst getrennt von seinen Mädels und es gibt wegen Überfressens dann keine Aufgasung mehr.
- Chronische Aufgasungen – krankheitsbedingt.
- Auch altersbedingt kann der Magen-Darm-Trakt nicht mehr so einwandfrei funktionieren (wie bei alten Menschen auch).
- Durch Kokzidien, Hefen, Würmer, Flagellaten und Giardien.
- Zahnprobleme, nicht mehr richtige Kauen können, kann ebenso zu akuten Verdauungsproblemen führen. Dies ist dann eine Sekundärerkrankung – die Aufgasung ist die Folge der Zahnprobleme.
- Durch Medikamente, z.B. Antibiotika, wird die Darmflora beeinträchtigt.
- Durch starke Temperaturschwankungen – schwüles Wetter, hohe Luftfeuchtigkeit, welche auch durch den Aufenthaltsort der Meerschweinchen ausgelöst werden kann, z.B. Dachgeschosswohnungen heizen sich im Sommer extrem auf und Souterrainwohnungen haben durch ihre Bodennähe zumeist eine hohe Luftfeuchtigkeit.
- Tumorbildungen.
- Entzündungen der Magen-Darmschleimhäute.

Stell Dir vor was im Magen-Darm bei einer Aufgasung passiert:
Durch Fehlgärungen entwickeln sich Gase im Magen-Darm, die sich soweit ausweiten können, dass es den Kreislauf lahmlegt, zu Atemnot führt und auf die anderen Organe drückt und das Meerschweinchen letztendlich mit sehr großen Schmerzen und Kreislaufversagen daran stirbt. Stelle Dir weiterhin vor, Du hättest einen Luftballon im Bauch, welcher immer größer und größer wird. Ein Röntgenbild bringt Klarheit, ob auch bereits eine Magendrehung beim Meerschweinchen vorliegt und wie akut die Aufgasung ist.
Die Prognose der Heilung einer Aufgasung ist sehr vorsichtig einzustufen, es hängt auch von einigen Faktoren ab:

- Wie hoch aufgegast ist das Meerschweinchen?
- Röntgenbild.
- Mag das Meeri noch Päppelbrei fressen? Schluckt es den Brei noch runter oder läuft der Päppelbrei schon aus dem Mäulchen raus?
- Wie sehen die Augen aus? Sind sie noch klar oder schon verschleiert?
- Wie ist der allgemeine sonstige Gesundheitszustand: Herz, ist die Körpertemperatur noch normal oder ist das Meerschweinchen schon untertemperiert? Der Tierarzt kann fachmännisch Fiebermessen.

Dies alles darf der Tierarzt feststellen und die Sofortmaßnahmen ergreifen. Allerdings geht dies zumeist nur in einer Tierklinik, die 24-Stunden Dienst hat, denn das aufgegaste Meerschweinchen benötigt eine intensive Betreuung, angefangen vom Zufüttern mit Päppelbrei, alle zwei Stunden, bis hin zu den Medigaben, wie z.B. auch Schmerzmittel und Entgasungsmedizin. Wenn Du die Zeit nicht hast, sollte das Meeri stationär aufgenommen werden.

Bei Untertemperatur sollte das Meerschweinchen indirektes Rotlicht bekommen und auch eine Infusion, damit der Kreislauf nicht komplett zusammenbricht. Wir setzen das Meerschweinchen dann in ein Kuschi und unten drunter kommt – damit es indirekte Wärme ist – ein Snuggle Safe, damit die Körpertemperatur nicht weiter absackt.

Dann wird das Meerschweinchen oft auf eine Heu/Wasser-Diät gesetzt (wobei das MS zumeist selbst nichts fressen mag.) Hierbei gilt es aber zu beachten, dass das Meerschweinchen wichtige Mineralstoffe, Spurenelemente und Vitamine weiterhin zugeführt bekommt, ggfs. auch durch eine Infusion. Ansonsten entstehen spätestens nach einer Woche Mangelerscheinungen, sodass das Meerschweinchen z.B. die Hinterbeine hinter sich herzieht und nicht mehr richtig laufen kann. Außerdem darf der Magen-Darm-Trakt mit Dimeticon oder Sab Simplex – alle zwei Stunden gibt man 1,0ml – entgast werden. Schafft das Meerschweinchen die ersten 2-3 Tage, dann hat es gute Chancen. Und es MUSS gepäppelt werden, Vitamin-C-Zufuhr und entsprechende Flüssigkeit gegeben werden. Auch immer weiterhin Heu und Wasser anbieten.

Wir haben vermehrt beobachtet, dass es Meerschweinchen trifft, die über drei Jahre alt sind. Im Winter haben wir weniger mit Aufgasungen zu tun, im Sommer bei schwülen Temperaturen und hoher Luftfeuchtigkeit tritt dies vermehrt auf. Als wenn durch die Hitze das Futter besonders gut im Darm gärt (wie bei einem Hefeteig).

Tierärztlich wird bei Aufgasung zur Anregung der Magen-Darm-Tätigkeit das Emeprid gegeben, Schmerzmittel, Päppeln, ggfs. auch eine Infusion, Darmentgasung (siehe unten), Darmflora-Aufbau. Sollten in der Kotprobe auch Darmparasiten zu finden sein, dann auch dafür die entsprechenden Medikamente geben, ggfs. auch bei Bakterien ein Antibiotikum.

Wir ‚probieren' gerade eine Art ‚Prophylaxe' aus und haben dazu einiges aufgeschrieben, was über die Sommermonate den älteren Meerschweinchen gegeben werden könnte:

Tierärztlich:

- Propre bac von der Fa. Albrecht, morgens 1,0ml
- Dimeticon von der Fa. Albrecht, 3 x täglich 1,0ml oder Sab Simplex Suspension.
- Rodicare akut.

Was Du zusätzlich alternativ machen kannst:

- **Gastro** – chin. Heilkräuter – 2 x tägl. 0,5 Tabletten (300mg Tabletten) für die Darmschleimhaut.
- **Nux vomica** – Globuli 3 x tägl. 5 Stück in Wasser aufgelöst ins Mäulchen geben.
- **Mucosa** von der Firma Heel – Magen-Darmschleimhäute.
- **JSO Bicomplexmittel Nr. 3** – Darmmittel (PZN 0544846) gegen Fäulnis und Gärung.
- **Hericium Vitalpilz Extrakt** – Darmfloraaufbau, Erkrankungen Magen-Darm-Trakt, Regulation von Haut und Schleimhäuten.
- **Omniflora N** für die Darmflora zur Stabilisierung.

Bei hoch aufgegasten Meeris haben wir noch etwas, dies möchten wir aber noch nicht schreiben, da wir uns gerade noch am Beginn der Testphase befinden. Es sieht aber sehr vielversprechend aus und bei Bedarf bitte einfach Kontakt aufnehmen!

Die beiden Fotos zeigen die MS-Dame ‚Peggy Sue'. Sie verträgt kaum ein Frischfutter und hatte schon einige Aufgasungen, wir haben dann durch gezieltes Weglassen von Frischfuttersorten herausbekommen, was sie genau nicht verträgt. Die Gase im Magen-Darm können nur mit den Kötteln entweichen, das heißt auch, dass es 14 Tage und länger dauern kann, ehe eine richtig schlimme Aufgasung, wie auf dem Foto, Seite 143, zu sehen, weg ist. Solange das Meerschweinchen kein oder nur unzureichend Futter selbst aufnimmt, muss gepäppelt werden. Nur wenn die Magen-Darmflora in Gang bleibt und Köttel ‚produziert' werden, können auch die Gase entweichen. Das heißt auch für den Menschen: mindestens 14 Tage ganz intensive Pflege: Päppeln, wärmen, Tee und Medis – tierärztlich/naturheilkundlich reichen, das Meerschweinchen ist nun auf Deine Hilfe angewiesen! Wir lassen die Meerschweinchen nachts in Ruhe (kein Päppeln). Natürlich schauen wir zumindest zweimal nächtlich nach dem Zustand des Tieres, um bei Verschlechterung handeln zu können und geben Entgasungs-Medis.

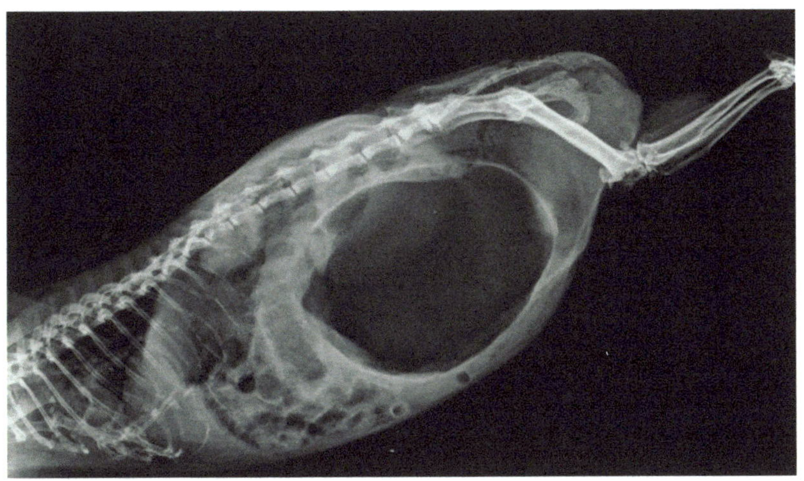

Röntgenbild von Peggy-Sues Aufgasung.
Der dunkle runde Bereich ist die Aufgasung.

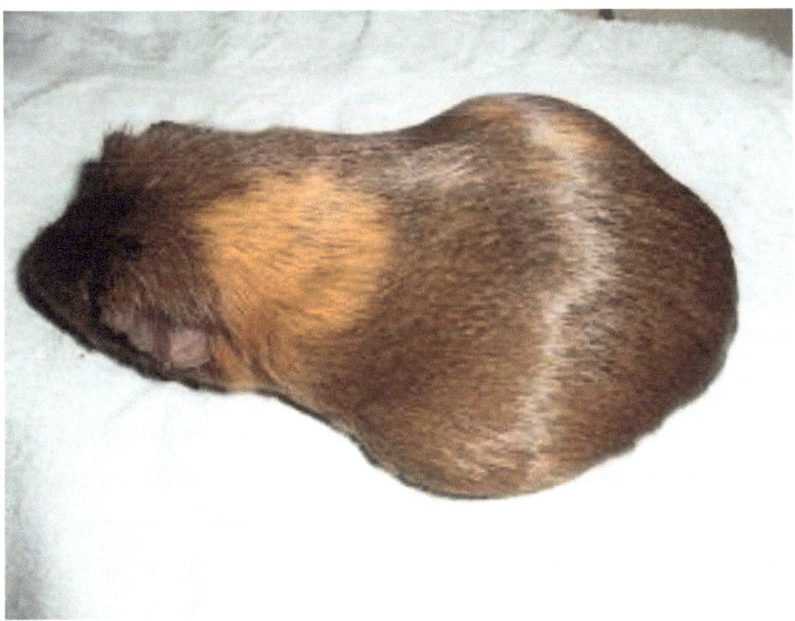

Foto von der Seite, man sieht an beiden Flanken wie aufgegast Peggy Sue ist.

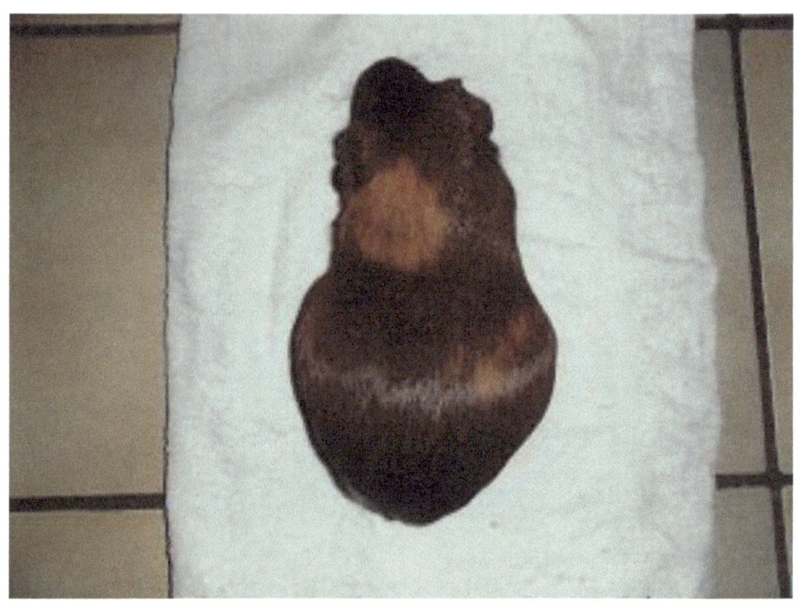

Das Foto zeigt Peggy Sue von oben zur besseren Verdeutlichung. Sie ist nicht trächtig, sondern hoch aufgegast.

Soforthilfe …
bei Kreislaufproblemen:

Coffea D6 Globuli 3 x tägl. 3 Globuli.
Wenn im Hause, **Effortil Tropfen** (verschreibungspflichtig) – ein Tropfen mit 3 Tropfen Wasser mischen und oral ins Mäulchen geben. Setze das Meeri in einen Kuschelsack (darin ist es geschützt), dann in die Transportbox und direkt zum Tierarzt und ihm Deine Sofortmaßnahmen erzählen. Zumeist gehen die Meeris auch in die Untertemperatur, der Körper fühlt sich kühl an.

Untertemperatur:

Indirektes Rotlicht oder Snuggle Safe – runde harte Scheibe, die in der Mikrowelle erwärmt und in einen Bezug gepackt wird, welcher dann unter Kuschelsachen gelegt werden kann. Wärmt indirekt, dies auch mit in die Transportbox packen, wenn es zum Tierarzt geht, damit das Meeri auch auf der Fahrt und ggfs. noch für die Wartezeit beim Tierarzt versorgt ist.

Blasenschlamm, Blasengrieß, Blasenentzündung, Blasensteine:

Anzeichen, auf die Du achten solltest:

- Vermehrtes urinieren.
- Feuchter Po, das Fell rund um den Po ist nass.
- Schmerzlaute beim Urinabsetzen, krümmt den Rücken zu einem Buckel.
- Blut im Urin.
- Stinkender Urin.
- Verminderte Bewegungsfreudigkeit.
- Möglicher Gewichtsverlust.

Eine Blasenentzündung (bakterielle Entzündung) ist am sichersten mit einer Urinprobe – unter dem Mikroskop – festzustellen.
Blasenschlamm ist im Ultraschall (Sonografie) sichtbar und Blasensteine kann man im Röntgen sehen. Sollten im Ultraschall Blasensteine in der Blase zu sehen sein und dann in einer späteren Kntrolluntersuchung nicht mehr, **MUSS** unbedingt ein Röntgenbild gemacht werden. Denn durch den Beckenknochen ist der Blasenstein im Sono in der Harnröhre verdeckt, dies ist nur im Röntgen sichtbar. Sollte ein Blasenstein in der Harnröhre feststecken, ist **SOFORTIGER** Handlungsbedarf nötig, denn wenn das Meerschweinchen nicht mehr urinieren kann, fließt der Urin zurück in die Niere und das Meerschweinchen vergiftet innerlich.
In der Regel erfolgt bei Blasenentzündungen durch den Tierarzt/in eine Antibiosebehandlung, einhergehend mit einem Schmerzmittel. Das ist als Erstbehandlung gut. Allerdings löst sich der Blasengrieß/Schlamm dadurch nicht auf und die Folge wäre, dass das Meerschweinchen immer wieder Blasenentzündungen bekommt.

Ich würde es nicht schreiben, wenn ich es nicht schon mehrfach erlebt hätte. Nach dem Feststellen von Blasengrieß sollte ein Ultraschall/Röntgen erfolgen, ob sich schon Blasensteine gebildet haben.

Es sind nicht alle Tiere anfällig. Stelle Dir die Blase einmal vor: Unten am Boden sammelt sich der Blasengrieß/Blasenschlamm. Da dieser schwerer ist als der Urin, würde es nicht behandelt werden, fängt das, was zuerst nur Blasengrieß ist an sich zu verklumpen, und daraus bilden sich Blasensteine. Meerschweinchen nehmen sehr unterschiedlich Flüssigkeit zu sich. Manche Meerschweinchen nutzen die Tränke und andere wiederum, wenn sie reichlich Frischfutter bekommen, gehen gar nicht an die Tränke/Wassernapf.
Aber wie bekommt man nun den Blasengrieß aus der Blase?
Indem die Blase gespült wird! Nur sehr viel Flüssigkeit, im Zusammenspiel mit der Ausscheidung, kann dies bewirken. Das Spülen ist aber nicht bei Blasensteinen ratsam, zuviel an Flüssigkeit könnte den Blasenstein in die Harnröhre spülen.
Gute Erfahrung haben wir mit Blasen- und Nierentee gemacht. Einen Beutel Blasen- und Nierentee, wie auf der Verpackung angegeben, kochen und dann abkühlen lassen. Mehrfach über den Tag verteilt erhält das betroffene Meerschweinchen mehrere Portionen aus einer 1,0ml-Spritze (ohne Nadel) ins Mäulchen. Zumeist nehmen sie den Tee sehr gern (sollte dies nicht der Fall sein, geht auch Wasser mit **Cantharis D6 Globuli**.) Dies darf auch über einen längeren Zeitraum geschehen. Wenn das Meerschweinchen einmal zu Blasengrieß neigt, wird dies auch eine ‚Dauerbaustelle' bleiben und darf zumeist lebenslang behandelt werden. Jeder Mensch, der schon einmal eine Blasenentzündung hatte, weiß wie schmerzhaft dies ist, das ist bei Meerschweinchen nicht anders.

Aber ist es ratsam, dann oft Antibiose und Schmerzmittel aus der Tiermedizin einzusetzen?
Für mich persönlich war das ein klares **NEIN**, der Körper gewöhnt sich daran und irgendwann ist die Wirkung weg.

Sehr gute Erfahrungen haben wir auch hier wieder mit den chinesischen Heilkräutern gemacht.

- **Eurologist** in Kombination und **Lysium** – chin. Heilkräuter in der Kombination.
- **Allrodin UTI Kn** zum Ansäuern des Harns ist sehr empfehlenswert, sogar zur Dauergabe bei anfälligen Meeris, wir setzen dies ein.
- **Sensipharm Urologist Aid.**
- **Analgos** – chin. Heilkräuter, als Schmerzmittelersatz, da dies auch langfristig gegeben werden kann.

‚Jil', eine mittlerweile fünfjährige Meerschweinchendame bekommt dies dauerhaft, denn sie neigt zur Blasengrießbildung und in diesem Zusammenhang eben auch zu den Blasenentzündungen.
In jedem Fall sollte eine genaue Prüfung des Frischfutters erfolgen, ggfs. sind bestimmte Sorten Frischfutter durch andere, weniger calciumhaltige zu ersetzen. Auch bestimmte getrocknete Kräuter enthalten oft mehr Calcium als frische Kräuter. Wenn Trockenfutter gegeben wird, sollte die Zusammensetzung genau gesprüft werden.
Blasengrieß/Blasenschlamm entsteht durch ZU VIEL Calcium, das die Meerschweinchen im Körper nicht verarbeiten können. Außerdem ist auch das bis dahin gefütterte Heu unter die Lupe zu nehmen, ob es Luzerne etc. enthält, was auch einen hohen Calciumgehalt aufweist, hier gibt es das **‚Timothy-Heu',** welches calcium-arm ist.
Das Frischfutter darf nicht im Ganzen reduziert werden, die Meeris brauchen es eben auch zur indirekten Wasser-, Mineralstoff- und Vitaminaufnahme.

Sehr calciumhaltig ist:

- Möhrengrün
- Frische Petersilie
- in getrockneter Petersilie ist Calcium noch höher enthalten
- Broccoli
- Blattspinat
- Fenchel
- Basilikum

Ein guter Test ist, die Meerschweinchen einmal im Monat für einige Zeit auf dunkle Fleecedecken oder dunkle Handtücher zu setzen, da kann man es sehr gut nach dem Urinieren sehen, denn es würden weiße Flecken erscheinen, bei starkem Blasengrieß kann dies sogar pulverartig sein. Um sicherzugehen kann durch Röntgen festgestellt werden, ob es schon eine Blasensteinbildung gibt. Sollte dies der Fall sein und die Blasensteine sind noch in der Blase, darf das **Eurologist - Allrodin UTI Kn** höher dosiert werden, denn es löst auch Blasensteine auf, allerdings braucht dies seine Zeit. Je nach Größe und Art der Blasensteine (Oxalate/Struvite).

Zu dem Thema: Blasensteine in der Harnröhre möchte ich Euch von Santi erzählen:

Santiago, eine über 8 Jahre alte Meerschweinchendame kam zur Urlaubsbetreuung zu mir. Die Halterin hatte die Diagnose zwei Tage vor Urlaubsantritt durch das Röntgen von Santiago erhalten. Die Prognose der Tierärztin war ungut, lt. Röntgenbild saßen zwei Blasensteine in der Harnröhre von Santiago. Die Halterin suchte krampfhaft eine Urlaubspflegestelle, die sich mit alten und kranken Meerschweinchen auskannte, und über die Tierärztin kam sie dann zu mir.

Im Stillen dachte ich, ich muss doch total verrückt sein, so ein krankes Meerschweinchen zur Urlaubsbetreuung aufzunehmen, und ich sprach auch sehr deutlich mit der Halterin, dass die ganzen ‚Baustellen' von Santiago: Herzprobleme, walnussgroße Eierstockzysten, Milz-, und Gebärmuttertumor, zwei Blasensteine in der Harnröhre sitzend, zudem noch Arthrose in beiden Hinterbeinen und im hinteren Rückenbereich nicht gerade dafür sprachen, dass Santiago nach der vierwöchigen Urlaubspflege von ihrer Halterin noch lebend in Empfang genommen werden konnte.

Der Halterin war dies sehr bewusst. Santiagos Gefährte hieß ‚Islay' und war einige Jahre jünger und noch recht mobil, wohingegen Santi, wie ich sie liebevoll nannte, eher sehr still war.

Die beiden Meeris wurden mir Freitagabend gebracht, sie bezogen ein nettes Bodengehege. Santi durfte durch ihre vielen gesundheitlichen Baustellen auch einen ziemlichen Berg an Medizin, tierärztlicher und

naturheilkundlicher Natur, nehmen. Hier sollte mir ein gezielter Medi-Plan helfen, wann in welchem Abstand welche ‚Medizin' an Santi verabreicht werden durfte.
Es folgte der Samstag. Morgens hörte ich Santi noch beim Urinabsetzen schmerzhaft quieken. Sie bekam natürlich Schmerzmittel und ebenso kochte ich ihr Blasen- und Nierentee, um die Blase zu spülen. Auch fanden hier direkt **Eurologist** und **Lysium** ihren Einsatz. Nachmittags saß ich am PC, welcher im Wohnraum nicht weit von Santis Gehege stand. Irgendwie hörte ich keine Schmerzlaute mehr von Santi, was mich dazu bewog, sie bei der nächsten Medi- und Teegabe herauszunehmen und auf den Rücken zu drehen, um mir ihren Po genauer anzuschauen. Hilfe! Mir stockte der Atem, mein Herz begann wie wild zu schlagen und ich fühlte es im Hals sitzen …

Was blitzte mich da an? Etwas kleines Weißes schaute ein Stückchen aus der Harnröhre heraus. Die Tierärztin hatte um die Uhrzeit ihre Praxis schon geschlossen, ich musste aber Santi helfen, mit ihren ganzen gesundheitlichen Baustellen war eine Operation inklusive der Narkose ausgeschlossen. Also fing ich mutig an, den Blasenstein so sanft wie möglich und trotz Santis Einwänden – herzzerreißendes Schreien und heftigster Gegenwehr – herauszumassieren. Den ersten Stein hatte ich draußen. Santi und Heike waren froh, aber ich wusste, dass noch ein zweiter Blasenstein in der Harnröhre feststeckte. Also fühlte ich vorsichtig und tatsächlich, der Blasenstein saß noch etwas tiefer in der Harnröhre, aber es gab hier nichts mehr zu verlieren, außer Santis Leben.

Also legte ich wieder vorsichtig Hand an und massierte, auch wieder unter Santis heftigsten Protesten, den zweiten Blasenstein heraus. Arme Santi, sie war fix und fertig und ich auch. Sie bekam sofort Antibiose, denn die Blasensteine waren wirklich steinhart und mussten die ganze Blasenwand in Schutt und Asche gelegt haben. Ich fing an, Santi noch mehr Blasen- und Nierentee zu geben, weiterhin auch die chinesischen Heilkräuter in einer höheren Dosis.

Der Sonntag kam, ich war besorgt um Santi, ich wachte mit Adleraugen über sie und als ich sie morgens auf den Rücken drehte und nochmals die Harnröhre abtastete, was fühlte ich da? Nein, das konnte doch nicht wahr sein … wieder fing mein Herz wie wild an zu schlagen, mir wurde fast schlecht … das ist ein Albtraum, werde wach und alles ist in Ordnung … Noch ein Blasenstein! Entsetzt dachte ich, hört der Horror für Santi denn gar nicht auf? Ich fing wieder an, ganz sanft und vorsichtig den Blasenstein Richtung Harnröhrenausgang zu massieren, und siehe da, ein dritter Blasenstein erschien.

Montags brachte ich Santi direkt zur Tierärztin und im Gepäck hatte ich die drei Blasensteine. Ich bekam weitere Antibiose und Schmerzmittel für Santi mit. Und dieser von mir doch beherzte Eingriff war Santis Rettung gewesen. Nach vier Wochen konnte Santis Besitzerin sie lebend wieder mit nach Hause nehmen. Allerdings wurde der Besitzerin zuhause bewusst, dass sie mit den vielen Medigaben, die Santi nun benötigte, ihr nicht mehr gerecht werden konnte. Sie bat mich, Santi in mein Gnadenhof-Rudel aufzunehmen. Santi wurde von mir liebevoll versorgt und sie dankte es mir, indem sie noch über ein Jahr bei mir war. Eine Woche nach ihrem neunten Geburtstag durfte ich sie erlösen lassen. In dem Jahr hegte und pflegte ich diese charakter- und willensstarke Meeri-Dame, die mir immer in Erinnerung und im Herzen bleiben wird. Sie starb nicht direkt an ihren ganzen gesundheitlichen Baustellen, sondern eher an den Nebenwirkungen, sie bekam neurologische Ausfallerscheinungen.

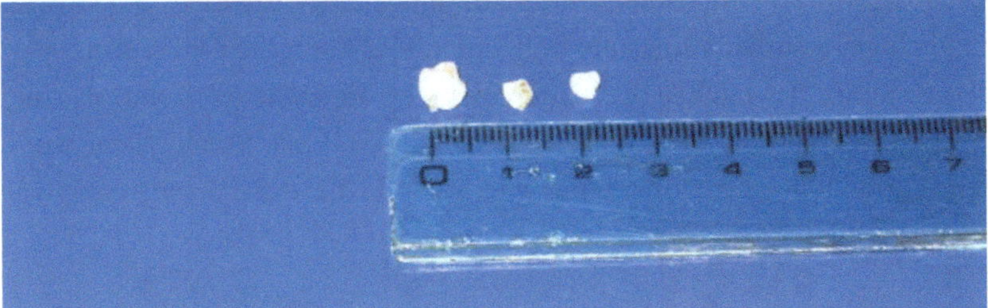

Das Foto zeigt die drei Blasensteine, die ‚Santiago' in der Harnröhre hatte, damit die Größe besser zu erkennen ist, an einem Lineal.

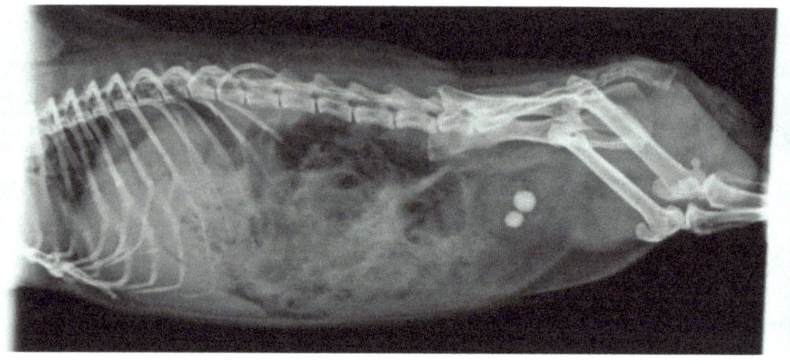

Ein Röntgenbild von einer Meerschweinchen-Dame, die zwei Blasensteine hatte, deutlich sichtbar in der Blase.

Blasensteinoperation:

Wird nicht rechtzeitig Blasengrieß vom Halter wahrgenommen und es haben sich schon ein oder mehrere Blasensteine entwickelt, sollte die Blase nicht mit Blasen- und Nierentee gespült werden, da die Gefahr besteht, wenn ein Blasenstein zu groß ist, dass dieser in der Harnröhre stecken bleibt. Ist es beim Meerschweinchen, weil es durch Schmerzen nicht mehr richtig gefressen hat, schon als Sekundärerkrankung zu einer Aufgasung gekommen, ist die Prognose einer Blasensteinoperation nicht gut. Die meisten Blasensteinoperationen gelingen, aber das Meeri stirbt an den Folgen der Aufgasung (Kreislauf kollabiert). Wenn es irgendwie möglich ist, erst die Aufgasung behandeln und dann die Operation.

Blasensteine, die nach einer leider nicht erfolgreichen Operation (die Meerschweinchen-Dame ‚Wendy' starb) auf ein Cent-Stück gelegt wurden, damit Du eine Vorstellung von der Größe der Blasensteine bekommst.

Herzerkrankungen:

Meerschweinchen befinden sich ab vier Jahren im Anfangsstadium des Altwerdens. Hier sollte besonders auf die alterstypischen Erkrankungen geachtet werden. Das Herz erbringt bei den Meerschweinchen Hochleistung, denn die Herzfrequenz liegt bei 230-380 Schläge/Minute und im Vergleich bei einem gesunden Menschen 50-100 Schläge/Minute.

Ein wöchentliches Abhören des Herzens mit dem Stethoskop ist bei jedem Meerschweinchen wichtig, damit Herzerkrankungen, wie Herzrhythmusstörungen, Herzrasen, Herzstolperer und ein zu langsames Herz, frühzeitig festgestellt werden.

Wenn Du Auffälligkeiten hörst, sollte sofort der Tierarzt aufgesucht werden. Hier würde ein Herz-Ultraschall Klarheit bringen, was genau mit dem Herzen los ist, um die richtigen Medikamente geben zu können. Allerdings sind nicht viele Tierärzte darauf ausgerichtet, dass sie Herzultraschall bei Meerschweinchen anbieten, ggfs. kann man nach einem Spezialisten fragen.

Ich konnte mittlerweile mehrere Meerschweinchen mit Herzproblemen erfolgreich behandeln. Und im Laufe der Jahre sehe ich bereits mit dem bloßen Auge, wenn das Meerschweinchen Herzprobleme hat, auch wenn diese nicht im Stethoskop hörbar sind. Im Beisein der Besitzerin, bei Abgabe einer älteren und kranken Meeri-Dame, sagte ich nach meiner Eingangsuntersuchung, im Stethoskop keine Auffälligkeiten hörbar, aber dass die Flankenatmung komisch sei und die Meeridame ein Herzproblem habe. Das kurze Zeit daraufhin durchgeführte Herzsono bei der Tierärztin bestätigte dies.

Josy (geb. 30.05.15), war ein halbes Jahr alt, als sie zu uns kam. Sie kam aus schlechter Außenhaltung, saß dazu noch allein in einem Holzverschlag, auf dem nackten Holzboden, ohne Häuser etc.
Als ich sie untersuchte, fiel mir direkt auf, dass etwas mit ihrem Herz nicht stimmt, es hatte doch arg lange Aussetzer.

Die Sonografie bei der Tierärztin brachte Klarheit, Josys Herzscheidewand war defekt. Zudem kam sie aber auch mit einer dicken Erkältung, die schon auf den Bronchien saß, zu mir.

Meerschweinchen, die neu aufgenommen werden und bei denen ich die Dauer der Erkältung nicht kenne, werden auf AB gesetzt. Das würde ich mit den Meerschweinchen, die hier schon länger leben und wöchentlich gecheckt werden, nicht direkt machen, da ich durch den wöchentlichen Check gut einschätzen kann, seit wann sie die Erkrankung haben.

<u>Josys Behandlung, die zum Erfolg führte und ihre ziemlich schlimmen Herzaussetzer behob:</u>
Zu Beginn: Schüssler Salze **JSO Bicomplexmittel 12** für das Herz, dies beinhaltet Calcium fluoratum, Kalium phosphoricum, Magnesium phosphoricum und Natrium chloratum (PZN 0544935), dieses Bicomplexmittel wirkt sich sehr positiv auf das Herz aus.

Die spätere und langfristige Therapie bestand aus den Vitalpilz-Extrakten:

- **Agaricus Blazei Murrill – Immunsystemstärkung.**
- **Auricularia – fördert die Durchblutung, Verbesserung der Fließeigenschaft des Blutes, Herzgefäßerkrankungen.**
- **Reishi – Herz-Kreislauf-Erkrankungen, Herzrhythmusstörungen.**

Josy ist mittlerweile über dreieinhalb Jahre alt, was ich anfänglich, als sie in diesem desolaten Herzzustand zu mir kam, niemals gedacht hätte. Also gebe bitte nie frühzeitig auf, die Hoffnung stirbt zuletzt!
Josys Herz schlägt in einem normalen Rhythmus und ich hoffe sehr, dass sie trotz ihrer Zahnfehlstellung (alle 14 Tage Zahnkorrektur beim Tierarzt) noch eine lange Zeit bei mir hat.
Aber nicht nur Senioren-Meerschweinchen können Herzprobleme bekommen, sondern es gibt auch Herzerkrankungen, die als Sekundärerkrankung folgen. Z.B. eine Erkältung, die unbehandelt bleibt, kann zu einer Herzmuskelverdickung führen, ebenso Herzschwäche bei älteren Meerschweinchen auslösen. Hier kann ebenfalls das **JSO Bicomplexmittel No. – 12 - Herzmittel** und **JSO Bicomplexmittel No. 29** – das

Muskelmittel der Schüssler Salze helfen, ebenso auch **Crataegus Globuli** (Weißdorn), **Weißdorntee** als zusätzliche Gabe.

Wasser in der Lunge geht langfristig auch aufs Herz, hier würde der **Polyporus Vitalpilz Extrakt** zur Entwässerung eingesetzt und damit das Immunsystem gestärkt werden: **Agaricus blazei Murrill Vitalpilz Extrakt** dazugeben.

Es gibt weitere Herzerkrankungen, z.B. ein zu großes Herz, Herzklappenfehler etc.
Bitte suche Dir einen Tierarzt, der auch bei Meerschweinchen Herzsono macht, um Klarheit der Erkrankung zu bekommen.

Beobachtung: Bei vielen der herzkranken Meeris haben wir auch beobachtet, dass sie vermehrt trinken. Wir ließen zuerst ein großes Blutbild machen, um Diabetes, Leber-, Niere- oder Schilddrüsenerkrankung auszuschließen, aber alle diese Meeris hatten eines gemeinsam: Ihr Herz war nicht mehr in Ordnung. Das heißt, wenn Dir auffällt, dass eines der Meeris sehr viel mehr als die anderen an dem Wassernapf/Tränke trinkt, könnte dies auch ein Indiz für eine Herzerkrankung sein.

Leber und Niere

sind sehr wichtige Organe, sie filtern Schadstoffe aus dem Körper und Leber- und Nierenversagen können zum Tod führen.

Die Leber ist eines der wenigen Organe, die keine Schmerzen verursacht und bei Meeris ab einem Alter von vier Jahren, wo sie ins Senioralter übergehen, sollte mindestens 1 x jährlich ein großes Blutbild gemacht werden, um zu sehen, ob die Leber- und Nierenfunktion noch in Ordnung ist.

Hier hat sich bewährt bei:

Nierenproblemen:

- **Rehmannia – chin. Heilkräuter**
- **Berberis D4 – Globuli**
- **JSO Bicomplexmittel No 20**

Leberproblemen:

- **Geria – chin. Heilkräuter**
- **JSO Bicomplexmittel No 27**
- **Rodicare Hepato**
- **Hepeel – Fa. Heel**
- **Hepar comp. – Fa. Heel**
- **Mariendistel**
- **Cardiuus marianus D2 Globuli**
- **Lycopodium D6 – Globuli**

Notfall-Apotheke

die jeder Meerschweinchenbesitzer zuhause haben sollte!

Da Meerschweinchen selten zu den regulären Öffnungszeiten des Tierarztes krank werden, sondern zumeist am Wochenende, nachts oder feiertags, ist es ratsam, immer eine Telefon-Nummer von einer Tierklinik, die 24-Stunden-Notdienst hat, parat liegen zu haben.

In den regionalen Zeitungen stehen die tierärztlichen Notdienste zumeist auch drin:

- eine immer griffbereite, ausgestattete Transportbox.
- Päppelbrei (bitte immer das Verfallsdatum prüfen).
- Entgasungs-Medizin – z.B. Dimeticon oder Sab Simplex.
- 1 2 3 Bäuchlein-Bär Tee.
- Erkältungs-, Husten- und Bronchialtee.
- Snuggle-Safe – Wärmekissen.
- Päppelspritzen.
- Betaisodona – jodhaltiges Desinfektionsmittel (als Salbe oder Lösung) bei kleinen Hautverletzungen.
- selbstklebendes Pflaster – Snögg Soft.
- Wattestäbchen.
- Schmerzmittel – Alternativ: Analgos.

Unsere Notfallapotheken bestehen natürlich aus viel mehr Heilmitteln, aber die oben genannte Notfallapotheke stellt die Basis für Dich dar, in erster Linie bitte so schnell wie möglich zum Tierarzt fahren für eine genaue Diagnose.

Viele weitere Erkrankungen:

Es gibt noch viele weitere Erkrankungen, die mit chin. Heilkräutern, Vitalpilzen, Schüssler-Salzen und Heiltees (auch bei Hunden, Katzen, Pferden und anderen Kleintieren) behandelt werden können. Für die erste Information dazu stehe ich gern zur Verfügung.
Einige Beispiele: Epilepsie, Lymphome, FIP, Leishmaniose, Cushing, Demodexmilben etc.

Wichtige Hinweise:

Die Angaben in diesem Buch entsprechen dem derzeitigen Wissens- und Erfahrungsstand der Autorin Heike B. Tschirner und ihrer privaten Pflegestelle für die Aufnahme, Beratung, Vermittlung, Urlaubs- und Krankenpflege, Gnadenhof für Meerschweinchen. Da sich die Autorin immer weiterentwickelt, ist dies auch nicht der letzte Stand. Für die von der Autorin gemachten Therapieempfehlungen und Aussagen kann keine Gewähr übernommen werden, da jedes Meerschweinchen individuell auf Therapien reagiert.
Und es gibt sicherlich noch viele andere anwendbare naturheilkundliche Mittel … Wer Erfahrungen mitteilen möchte, kann dies gern machen.

Bei den Vitalpilzen kontaktiere bitte einen erfahrenen Therapeuten oder eine Tierheilpraxis, die Dir explizit für Dein erkranktes Meerschweinchen die richtige Dosierung und Vitalpilze empfehlen können. Ggfs. kannst Du auch die Autorin kontaktieren.
Eine Haftung der Autorin und des Herausgebers für Personen, Tier-, Sach- und Vermögensschäden ist ausgeschlossen.

Danke an Andrea, die mich seit vielen Jahren mit der Meerschweinchen-Notstation begleitet und jede noch so verrückte Idee mitmacht und auch, als ich schon Buchstabensalat vor den Augen hatte, mir bei dem

Korrekturlesen geholfen hat. Auf hoffentlich noch viele gemeinsame Jahre im Tierschutz und im Kampf für ein besseres Verständnis für die Meeris!

Haustiere sind für verantwortungsbewusste Menschen, die vollständig dahinterstehen, die Verantwortung über Wissen der Ernährung, Haltung und Gesunderhaltung auch im Krankheitsfall und die Versorgung mit Herzblut übernehmen, eine Lebensbereicherung. Sollte dies nicht der Fall sein und das Haustier nur zur ‚Belustigung und Bespielung' für das Kind angeschafft werden, sollten Stofftiere bevorzugt werden.

Worauf Du achten solltest, wenn Du Meerschweinchen haben möchtest!

Meerschweinchen-Notstationen findest Du in ganz Deutschland. Im Internet kannst Du nach einer Meeri-Notstation in Deiner Nähe suchen. Sonst gibt Dir aber auch das örtlich zuständige Veterinäramt Adressen von genehmigten Meerschweinchen-Notstationen!

Stelle Fragen bei Deinem Besuch und Adoption:

- Lasse Dir die Haltung zeigen! Ist man dazu bereit, ist das ein gutes Zeichen, denn ‚Vermehrer' sind dazu selten bereit, da wird man ‚abgefertigt', man bekommt einfach ein Meeri in die Hand gedrückt oder wird in einen separaten Raum geführt.
- Sollte der ‚Verkäufer' nicht gewillt sein, Dir die Haltung zu zeigen, lass die Finger davon. Die meisten machen nur Geld mit den Tieren, die Gesundheit und das Wohlergehen stehen an letzter Stelle.
- Frage konkret nach dem Geschlecht, informiere Dich vorab, wie Weibchen und Buben aussehen, damit Dir kein unerwünschtes Geschlecht ‚untergejubelt' wird. Böckchen müssen kastriert sein, um zeugungsunfähig zu sein, alle Böckchen sind sonst bis zum Tod zeugungsfähig!!!
- Frage nach Trächtigkeitsausschluss, so manch einer, der Meeris aus dem Zooladen kaufte, hat böse Überraschungen erlebt, dass ungewollter Nachwuchs kam. Wenn nicht zeitig das Böckchen getrennt wird, ist die Meeri-Dame kurze Zeit nach der Geburt wieder deckungsbereit und der nächste Nachwuchs kommt. Wohin damit?
- Frage, ob das/die Meerschweinchen dem Tierarzt vorgestellt wurden – auch bei Meeri-Babys – Zahncheck, 3-Tages-Kotprobe, allgemeiner Check, denn auch MS-Babys können schon Erkrankungen (Zähne, auch genetisch) haben, lasse Dir die Tierarzt-Rechnungen zeigen oder lasse es Dir schriftlich geben.

- Wenn die Meeris noch sehr klein sind, ist es gut möglich, dass sie zu früh, um möglichst klein und süß auszusehen, von der Meeri-Mama weggenommen wurden. Das könnte zu Verhaltensauffälligkeiten führen, da die Prägephase und das Lernen des Sozialverhaltens z.B. mit der Meerimama und den Geschwistern oder Rudelmitgliedern fehlt.
- Frage bitte was ist, wenn eines von zwei Meeris stirbt, ob der ‚Verkäufer' dann auch bereit ist, das verbliebene Einzel-Meeri (bei Haltungsaufgabe) auch wieder zurückzunehmen. Wenn nicht, dann solltest Du Dir überlegen, ob Du dort Deine Meeris holst. Gute Meerschweinchen-Notstationen vermitteln mit Schutzvertrag, in dem verankert ist, dass z.B. das übriggebliebene Meeri auch wieder zurück in die Notstation kann.
- Wie sehen die Unterkünfte der Meeris aus? Sauber oder liegt dort vergammeltes Futter rum? Gibt es Holzhäuser/Unterstände, Wassertränken, stinkt es nach Urin/Kot?
- Sitzen die Meeris verstört oder mit dem Kopf zur Wand oder in der Ecke, könnten sie krank sein. Haben sie Juckreiz, kratzen sich oft?
- Vermeide generell Tierkäufe im Zooladen, hier geht es nur um Profit.

JUDITH PEIN

www.die-tierschutzdetektivin.de

kommt zu Wort!

Die VOX-Tierschutzdetektivin Judith Pein berichtet aus einem ihrer Fälle. Wir möchten Euch zeigen, wie es gar nicht sein sollte und wenn Ihr so etwas erlebt oder seht, dann schaut nicht weg, sondern meldet es.

Fallbericht von Animal Hoarding mit Meerschweinchen:

Seit etwa zehn Jahren recherchiere ich als Journalistin zu Tierschutzthemen. Dabei habe ich schon mehrfach in Fällen ermittelt, bei denen es um Meerschweinchen ging. Häufig werden diese Kleintiere Opfer von schlechter Haltung und Tiersammlern. So auch im folgenden Fall, der ein ganz typisches Beispiel für Animal Hoarding ist. Im Mai 2017 meldete mir ein Whistleblower eine Frau, die Meerschweinchen und Kaninchen unter tierschutzwidrigen Bedingungen halten sollte.

Die Betroffene hatte bereits zuvor ein Tierhalteverbot durch das Veterinäramt bekommen. Alle ihre Kleintiere wurden damals beschlagnahmt, nachdem bekannt wurde, dass sich hunderte kranke und tote Vierbeiner in ihrem Haushalt befanden. Daraufhin zog die Betroffene in ein anderes Bundesland und flüchtete so regelrecht vor den Kontrollen durch die zuständige Behörde des alten Landkreises. Im neuen Zuhause fing sie wieder an Tiere zu sammeln. Sie hortete die kleinen Vierbeiner in Stallungen eines großen Gehöfts und ließ sie sich unkontrolliert vermehren. Einige der Nachkommen verkaufte sie auf einem Tiermarkt. Die Frau selbst bewohnte das neue Haus noch nicht, sie war wohl noch im Begriff umzuziehen. Doch die Tiere waren schon da. Fotos von ihnen in den dunklen, kalten Nebengebäuden wurden mir zugespielt. Gemeinsam mit einem Tierschutzkollegen machte ich mich also auf den Weg. Wir warteten die Dunkelheit ab, denn das Grundstück befand sich inmitten eines Dorfes. Unbemerkt schlichen wir uns an die Scheunen, in denen die

Tiere unter schrecklichen Bedingungen gehalten werden sollten, heran. Schon vor den Gebäuden hörte man es kratzen und quieken. Vorsichtig öffneten wir Tür für Tür. Hinter jeder befanden sich in Stallbuchten zahlreiche Meerschweinchen und Kaninchen.

Überall wimmelten die kleinen Vierbeiner umher. Es waren Hunderte. Tote und Körperteile von Meerschweinchen lagen herum. Ich erblickte kranke Tiere mit entzündeten Augen, Babys in Nestern, Kaninchen in engen Käfigen, die irgendwo am Rand hochgestapelt waren. Ein Meerschweinchen war von den anderen angefressen worden, blind und verkümmert. Ein grausiger Anblick. Es gab viel zu wenige Trinkvorrichtungen. Wir dokumentierten alles mit Video- und Fotokameras. Dann schlichen wir wieder davon, mit dem Versprechen, den Tieren zu helfen.

Ich alarmierte mein VOX-Kamera-Team, das schon auf standby stand, druckte Fotos der Tierhaltung aus, listete die Verstöße gegen das Tierschutzgesetz auf und machte mich gleich morgens früh auf den Weg zum zuständigen Veterinäramt des Landkreises Börde. Ich legte meine Beweisdokumente vor und war überrascht, wie positiv die Mitarbeiter darauf reagierten. Sie hatten bereits von dem Fall gehört, aber – so teilten sie mir mit – fehlte es an Beweisen und einer Anzeige, um tatsächlich aktiv werden zu können.

Da dies nun alles vorläge, konnte die Behörde nun endlich handeln. Die Amtsveterinäre rückten sofort unter Polizeischutz aus. Mein Kamerateam und ich durften die Mitarbeiter begleiten. Die Zucht wurde sofort geräumt und alle Tiere beschlagnahmt. Das Tierhalteverbot blieb ja trotz des Umzuges in ein anderes Bundesland bestehen. Und die Verstöße gegen das Tierschutzgesetz waren offensichtlich. So beschlagnahmten die Amtsveterinäre insgesamt 276 Meerschweinchen und Kaninchen. Die Vierbeiner wurden in ein Tierheim gebracht, medizinisch versorgt, aufgepäppelt und vermittelt. Gegen die Tierhalterin wurde Anzeige erstattet. Meerschweinchen und Kaninchen sind die Tiere, die in Fällen von ‚Animal Hoarding' am zweithäufigsten betroffen sind. Noch häufiger werden Studien zufolge Katzen gehortet.[1] Die leider zunächst erfolgreiche Flucht eines Tiersammlers in einen anderen Landkreis, um behördlichen Kontrollen zu entgehen, ist keine Seltenheit. Um dieses Problem zu lösen, müssten Behörden bundesweit in Fällen von Tierquälerei enger zusammenarbeiten (können). Überregionale Register von auffällig gewordenen Tierquälern wie ‚Animal Hoardern' oder auch beispielsweise Pferderippern müssten angelegt werden, auf die die Mitarbeiter bei einer Tierschutz-Meldung zugreifen können.

Mit der Vorgeschichte eines Täters wäre es somit möglicherweise leichter für die Amtsveterinäre, einen Durchsuchungsbeschluss durch die Staatsanwaltschaft zu erhalten. Denn ein Anfangsverdacht oder viel besser noch Beweise in Form von Fotos und Zeugenaussagen, wie in meinem Fall, müssen vorliegen, damit die Behörde überhaupt erst aktiv werden kann. Ist Gefahr im Verzug, dürfen sich die Amtsveterinäre laut Tierschutzgesetz Zutritt zu den Räumlichkeiten und der darin befindenden Tiere verschaffen und wenn notwendig, diese auch beschlagnahmen. Meiner Erfahrung nach hängt die Vorgehensweise und Schnelligkeit einer Behörde jedoch auch vom Engagement des einzelnen Amtsveterinärs ab.

Neben der Beschlagnahmung der gequälten Tiere müssen in Fällen von

---

[1] Sperlin, Tina Susanne. Animal Hoarding: das krankhafte Sammeln von Tieren; aktuelle Situation in Deutschland und Bedeutung für die Veterinärmedizin. 2012. Hannover. Dissertation, Tierärztliche Hochschule Hannover.

‚Animal Hoarding‘ weitere Maßnahmen getroffen werden, um einen langfristigen Erfolg zu gewährleisten. Ein Bußgeld wird die Hoarder oft nur vorübergehend davon abhalten, wieder mit dem Sammeln anzufangen. Denn ‚Animal Hoarding‘ ist eine Krankheit; beschreibt es doch eine Tiersammelsucht.[2] Man unterscheidet dabei vier Hoarder-Typen: Den übertriebenen Pfleger, den Retter/Befreier, den Züchter und den Ausbeuter.[3] In meinen Recherchen bin ich bereits auf alle vier Typen und auf Mischformen dieser gestoßen. Betroffene, die nicht erkannt haben, dass es ihren Tieren schlecht geht. Menschen, die Vierbeiner ursprünglich aus Tierfreundlichkeit aufgenommen haben und die einfach die Kontrolle verloren haben, weil die Tiere nicht kastriert waren. So bin ich einem Mann begegnet, der in einem Haus voller Katzen auf einem Sofa lebte.

Dies war der einzig saubere Ort im ganzen Haus, der Rest war durch die Ausscheidungen der Katzen völlig verdreckt und mit Ammoniak durchtränkt. Wieder andere Menschen klammerten sich an ihre Tiere, da sie die einzigen Lebewesen waren, die ihnen geblieben waren, um die sie sich kümmern konnten, auch wenn sich das ‚Versorgen‘ nur im Kopf abspielte. Andere wollten ihre Macht über ein Lebewesen, das von ihnen abhängig ist, erhalten. ‚Animal Hoarder‘ leben oft abgeschottet, sodass es schwierig ist, sie zu überführen. Für die Tiere bedeutet ‚Animal Hoarding‘ meistens ein Leben in Müll, in Verwahrlosung und Krankheit. Häufig findet man tote Tiere zwischen den lebenden, wenn ein solcher Fall aufgeklärt wird. Bis dahin ist es für Tierschützer und Behörden leider oft ein langer, beschwerlicher Weg.

---

[2] Arnold, Sophie. Animal Hoarding – eine aktuelle Einschätzung. Amtstierärztlicher Dienst und Lebensmittelkontrolle. 2015. 22/4. p. 227-231.

[3] Deininger, Elke; Animal Hoarding – Was ist das? Enke Verlag; Kleintier.konkret; 2010; 2:26-31

(Der Käfig dient nur dem Transport)

Judith Pein (38) hat Ethnologie, Philosophie und Germanistik studiert. Nach einem journalistischen Volontariat und der Arbeit als Redakteurin bei einem Fernsehsender in Hamburg führte sie internationale Recherchen für die Tierrechtsorganisation PETA durch. Heute arbeitet die Freie Journalistin für diverse Filmproduktionsfirmen und ist regelmäßig als Tierschutzdetektivin bei hundkatzemaus auf VOX zu sehen. In der Sendung deckt sie echte Fälle von Tierquälerei auf. 2018 gründete Judith den Verein ‚Die Tierschutzdetektivin e.V.', um noch mehr Tieren zu helfen und Tierquälerei aufdecken zu können. Judith lebt in Nordrhein-Westfalen und ist Mitglied im Deutschen Journalistenverband.

Danke Judith, für den Bericht und die Fotos, für Deine Aufklärungsarbeit und den unermüdlichen Einsatz, bitte höre nie auf! Und die Aufdeckung solcher Tierquälereien geht uns alle an, auch wenn es heißt, sich wegen Hausfriedensbruch strafbar zu machen, aber die Tiere können sich selbst nicht helfen und nur, wenn die Menschheit von Tierquälereien erfährt, kann es Veränderungen zum Schutz der Tiere geben. Der Tierschutz verändert unsere Seele, Sichtweise und Wahrnehmung, es ist seelisch oft auch grenzwertig, aber wir machen es für die Tiere, für Lebewesen, die keine Stimme haben, nur ‚stumme Schreie'!

Danke von Heike.

Bitte melde Missstände und Tierquälerei konsequent der zuständigen Veterinärbehörde Deiner Stadt oder Deines Landkreises.
Fasse Deine Beobachtungen detailliert und sachlich zusammen. Fertige möglichst Bild- und Videomaterial an.
Nach Deiner Meldung beim Veterinäramt solltest Du unbedingt so lange nachfassen, bis der Missstand beseitigt ist (Fallbericht). Das kann ermüdend sein, ist aber die einzige Chance für das jeweilige Tier!
Schaue nicht weg, handele!

Noch etwas Nachdenkliches der Autorin und aktiven Tierschützerin Heike Tschirner:

Bist Du Tierliebhaber? Haben selbst Hund, Katze oder Kleintiere zuhause? Ja? Aber hört das: „Ich bin tierlieb“ etwa beim eigenen Teller auf? Wie ist das mit den anderen Tieren: Kühe, Schweine, Schafe, Versuchslabor-Tiere, die Tiere in der Natur?
Hört da die Tierliebe auf?

Solange die Mehrheit der Menschen es wünscht, dass Fleisch zu Billigpreisen verkauft wird, wird den Tieren Schmerzen, Leid und Schäden zugefügt. Erst wenn es ein Umdenken gibt, was auch bei einem selbst anfängt, wird es den Tieren besser gehen.

Die Tiere sind auf der Erde geboren, um genauso ein Recht auf Leben zu haben, aber sie werden zu vielen tausenden täglich auf bestialische Art und Weise behandelt und getötet, um den menschlichen Konsum ‚Geiz ist Geil‘ zu befriedigen. Sie werden gequält, langen Transporten ohne Wasser und Fressen ausgesetzt, eingepfercht in LKWs, bei Massenvermehrung auf engstem Raum gehalten, ohne Tageslicht, ohne Wiese, ohne auf den gesundheitlichen Zustand Rücksicht zu nehmen, ohne Narkose kastriert – einfach vom Menschen ausgebeutet.

Was sind das für traurige menschliche Wesen, die als Krönung der Schöpfung gelten sollen – derartige Quälereien an unschuldigen Tieren vorzunehmen!
Die Liste ist unendlich lang, was die Menschen den Tieren antun.
Nun sagst Du: „Was kann ich alleine schon tun?“
Oh, doch, indem DU Deinen Konsum überdenkst und Dich damit ernsthaft auseinandersetzt.

Braucht man all die materiellen Dinge zum ‚Glücklich sein‘ und zum Leben?

Überdenke DEINEN Kauf (Pelz, Leder) und Fleischkonsum, Plastik etc., nur DU kannst auch etwas ändern!
Hier zählt jeder einzelne Mensch!
Unterstütze die Organisationen, die Tierleid aufdecken, die das öffentlich machen, was hinter den Kulissen geschieht und Missstände aufdecken … **und fange bei DIR selbst an!**

Jeder einzelne Mensch kann mit seinem Kauf- und Essverhalten dazu beitragen, dass sich etwas ändert!
Versetze Dich in die Lage der Tiere, öffne Dein Herz und frage Dich selbst, willst Du so leben und womit haben sie dies verdient?

Warum heißt der Mensch – Mensch?
Wo ist die Menschlichkeit geblieben? Sind wir die größten Bestien der Erde und zerstören unseren eigenen Lebensraum und den der Tiere? Wenn wir so weitermachen – JA!
Du, als Mensch hast die Wahl – die Tiere nicht!

Menschen züchten Tiere – z.B. Meerschweinchen - wozu?

Nur zum eigenen Egoismus! Um sie z.B. zur Schau zu stellen, um Rasse und Farben und deren Optimierung! Aber nicht, um das Tier und deren Wohlergehen an sich, denn dann wäre ihnen Rasse, Farbe und Aussehen total egal. Wer sein Tier liebt, liebt es so wie es ist und macht es nicht an Äußerlichkeiten aus!

Züchter, auch Hobbyzüchter, züchten, um dafür Anerkennung, Medaillen etc. zu bekommen oder aus Profit – zum Verkauf.

Schade, dass Tiere nicht Menschen züchten können!

Denn für die Tiere hat es keinerlei Nutzen, im Gegenteil, es werden ‚Krankheiten' gezüchtet.

Ein weiterer negativer Punkt bei der Tierzucht ist, dass die gnadenlos überzüchteten Rassetiere viel anfälliger für Krankheiten sind als ‚normale' Mischlingstiere. Hunde wie Möpse oder Bulldoggen leiden oft an Atemwegserkrankungen und Augenproblemen aufgrund ihrer herangezüchteten kurzen Nasen. Katzen, die extra ohne Schwanz gezüchtet werden, sind in ihren artspezifischen Bewegungsabläufen und Gleichgewicht eingeschränkt und können den Schwanz nicht mehr als Kommunikationsmittel einsetzen.
Den sogenannten Nacktkatzen wiederum fehlen die wichtigen Tasthaare, ohne die sie sich in der Dunkelheit verletzen können, da sie wichtig für die Orientierung und die Kommunikation der Katzen sind. Es besteht auch eine Sonnenbrandgefahr und eine erhöhte Verletzungsgefahr bei Revierkämpfen. Diese Rassekatzen sind definitiv nicht ‚outdoor' geeignet. Auch die Nacktmeerschweinchen zählen zu diesen Qualzuchten.

Menschheit – wo soll das noch hinführen?

Helft anderen benachteiligten Menschen, setzt Euch im Tierschutz ein, dann tut ihr wirklich etwas Sinnvolles in Eurem Leben.
Zudem ist der Gedanke, bestimmte Rassen zu züchten, um damit Geld zu verdienen und Tiere zu töten, die nicht dem Schönheitsideal entsprechen, mit den ethischen Vorstellungen vieler Menschen gar nicht vereinbar.

Weitsichtig denken und handeln!

Liebe Zooläden, Züchter, Hobby-Züchter und private Haushalte, die Meerschweinchen vermehren …
Was mir sehr zu denken gibt ist, dass, so scheint es zumindest, es viel mehr Meerschweinchen-Böckchen gibt als Meerschweinchen-Mädchen. Die Zooläden, Züchter, Vermehrer und privaten Meerschweinchen-Besitzer (die einmal Meeri-Babys haben möchten) sind daran nicht ganz unschuldig, denn die Meeri-Mädels können für die weitere Zucht eingesetzt werden und so kommen fast nur die unkastrierten Böcke auf den ‚Verkaufsmarkt', weil sie nicht dem Zuchtziel entsprechen.
Wir bekommen mehrmals wöchentlich Anrufe, dass aus einer Böckchen-Haltung (alle unkastriert) das Partnertier verstarb, nun mit der Haltung aufgehört werden möchte und wir doch das übriggebliebene, meist schon ältere Tier, übernehmen sollen.
Ich frage nach, wo sie das Meeri herhaben und ob nicht derjenige, der es verkauft hat, es auch wieder zurücknimmt?
Mache Dir mal Gedanken darüber, denn wir als Notstation haben die Meeris nicht gezüchtet, sollen sie aber dann aufnehmen und für alle Futter-, Tierarzt- und Medizinkosten aufkommen und aus privater Tasche zahlen?
Hier fehlt, so geht es auch den meisten anderen Meerschweinchen-Notstationen, der Platz für unkastrierte Böcke, denn sie dürfen nicht zu den Mädchen, da sie bis zum Tod Nachwuchs zeugen können. Die Kastrationskosten bleiben bei uns hängen und im Anschluss müssen die Böcke nach der Kastration noch die Wartezeit von vier bis sechs Wochen absitzen. Die unzähligen Versuche, unkastrierte ältere Böckchen oder auch kastrierte Böcke zu vergesellschaften, enden häufig in Beißereien.

Liebe private Tierhalter, liebe Züchter, Hobbyzüchter und Zooläden bitte übernehmt Verantwortung!!
Lasst die Böckchen kastrieren, dann haben es später die ‚übriggebliebenen' Böcke nicht so schwer, wieder ein passendes Partnertier zu bekommen, und zudem können sie dann auch in den artgerechten Genuss von einem Meeri-Mädel kommen.
Also denkt bitte weitsichtig und vorausschauend im Namen der Meerschweinchen, was später mit dem übrigbleibenden unkastrierten Bock passieren soll. Dieser ist zumeist dann schon etwas älter und es stellt sich immer wieder als problematisch heraus, ein Partner-Meeri zu finden, wo auch die Chemie zwischen den Tieren passt.

Tieren aus dem Tierschutz eine zweite Chance geben!

Für viele kranke und alte Hunde, Katzen und andere Tiere ist das Tierheim oder die Notstation die Endstation, besonders die Hunde freuen sich auf die täglichen Spaziergänge mit ‚ihrem Menschen', es ist das ‚Highlight' des Tages für sie. Schenken Sie doch den Tieren im Tierheim ein klein wenig von Ihrer Freizeit und gehen z.B. am Wochenende ehrenamtlich mit Hunden spazieren, auch die Katzen freuen sich über Streicheleinheiten.
Im Tierheim oder auch in privat geführten Tier-Notstationen ist immer etwas zu tun. Sie bekommen dies vielfach mit der Liebe des Hundes/der Tiere zurück.
‚Tierheimtiere' sind keine Tiere zweiter Wahl. Wir Menschen machen sie nur dazu, auch sie haben ein Recht darauf geliebt zu werden und haben eine zweite Chance im Leben verdient. Der Tierschutz vermittelt zum Schutz der Tiere mit Schutzvertrag und Schutzgebühr. Dies ist zum Schutz der Tiere und nicht, weil wir Menschen damit ärgern wollen, sondern weil es um die gute Vermittlung der Tiere geht.

Viele der Tiere verstehen gar nicht warum sie im Tierheim/Tierschutz landen. Sie haben jahrelang ihr Herrchen, Frauchen oder Familie treu begleitet und wenn Probleme auftauchen, ist es wohl einfacher, sie in ein Tierheim abzuschieben, als sich Gedanken über eine Lösung zu machen.

Die gibt es nämlich immer, man sollte nur bereit dafür sein. Die Tiere leiden und sind traumatisiert.
Tiere begleiten uns, ohne danach zu fragen, ob wir krank, behindert, alt oder obdachlos sind. Sie nehmen uns so wie wir sind, und sie stehen uns immer treu zur Seite, egal was kommt, sie haben damit vieles dem Menschen voraus.
Schaue bei Tierleid/Quälerei bitte nicht weg, es sind Lebewesen, genau wie wir, mit Herz, Seele und Gefühlen. Es gibt immer Mittel und Wege, selbst tätig zu werden.

Irgendwann werde ich die Bühne des Lebens verlassen und zumindest mein Möglichstes getan haben, um für mehr Verständnis in der Haltung, Ernährung und Gesunderhaltung der Meerschweinchen gesorgt zu haben. Dann wären auch meine vielen Tränen, die ich weinte und noch weinen werde, darüber wie krank und in welchem schlechten gesundheitlichen Zustand uns die Meerschweinchen abgegeben werden, nicht umsonst.

Du kannst Kontakt zur Autorin aufnehmen. Bitte habe aber Verständnis, dass die Autorin nicht direkt antworten kann, da sie noch einer beruflichen Tätigkeit nachgeht und die Meerschweinchen-Notstation im Ehrenamt führt.

www.notmeerschweinchen-rhein-erft.de
h.meeris@gmx.de

Literaturempfehlungen

Alternative Heilkunde

Alternative Tierheilkunde – Chinesische Kräuterheilkunde sind über http://www.naturheilkunde-bei-tieren.de zu beziehen, auch eine Beratung sowie eine Broschüre ist anforderbar. Jederzeit kann das Team rund um Robert Smiesing per Mail für Fragen kontaktiert werden.

Die Mykotherapie in der Veterinärmedizin von Petra Scharl,
ISBN: 9783956311482,
Bezug über http://www.hawlik-vitalpilze.de
auch die Bezugsquelle der Vitalpilze!

Vitalpilze, Naturheilkraft mit Tradition – neu entdeckt
(für Menschen), Gesellschaft für Vitalpilzkunde e.V.
Bezugsquelle: http://www.hawlik-vitalpilze.de
Auch hier ist eine Beratung möglich.

MykoTroph – kostenlose Beratung über den Einsatz der Vitalpilze in der Human- sowie Tiermedizin –
http://www.heilenmitpilzen.de, Tel: 06047-988530

Symptomverzeichnis zur Schüßler-Salz-Therapie für Tiere
von Caroline Quast – Natura Med Verlagsgesellschaft Neckarsulm

Quickfinder Pflanzenheilkunde aus der Humanmedizin,
teilweise durchaus auf das Meerschweinchen anwendbar.
GU 9783833810305

Homöopathie-Karte für Meerschweinchen/Kaninchen:
Globuli – Hawelka Verlag 9783939081111

Schüßler-Kombi-Präparate
(Humanmedizin), Lohmann/Ruf, Haug Verlag, 978-3-8304-2244-0

Bombastus Heiltees/Bad Heilbrunner Heiltees
Übersicht über die Tees und ihre Einsatzgebiete gibt es über die Hersteller.

Meerschweinchen – Homöopathie und Kräuteranwendung
Dr. Alois Weber, Ennsthaler Verlag, 978-3-85068-464-4
http://www.homoeopathiewelt.com
Nachschlagewerk zum Informieren

http://www.diebrain.de Wissenswertes rund um Meerschweinchen in der Rubrik Meerschweinchen, wobei wir nicht immer mit dem Geschriebenen konform gehen, da wir als langjährige Notstation andere Erfahrungen gemacht haben, aber es herrscht Meinungsfreiheit!

Tierarzt-Literatur

Diagnostischer Leitfaden und Therapie:
Leitsymptome bei Meerschweinchen, Chinchilla und Degu
Tiermedizin – Anja Ewringmann/Barbara Glöckner – Enke
3830410567

Das Meerschweinchen als Patient von Ilse Hamel – Enke – 3830410026

Bezugsquellen/Kontaktdaten

HEU

Heulieferant: http://www.heu-tom.de
Lieferung im Karton, ohne Plastik (umweltfreundlicher) und das Heu ist locker gepackt und nicht gepresst – es gibt Knabberheu, Wiesenheu und Kräuterheu in verschiedenen Kilo-Größen
Heulieferant für calciumarmes Timothy-Heu:
http://www.heuandi.de

GEHEGE

http://www.kleintiervilla.de – Familie Bieberstein & Team – bauen tolle Eigenheime, auch nach Maß für indoor und outdoor!
„Kein Schwein muss hinter Gittern sitzen!"
http://www.ares4pets.de
Klappbare Bodengehege aus Holz und Plexiglas für Meeris

KUSCHELSACHEN

http://www.schweinchenshop.de Brechtje Krause – Kuscheliges für die Meeris

VITALPILZE

http://www.pilzshop.de
Kostenfreie Hotline: Tel.: 0800-7459746,
europaweit: Tel.: 0800-74597467, info@pilzshop.de

CHINESISCHE HEILKRÄUTER

http://www.naturheilkunde-bei-tieren.de
Beratung info@naturheilkunde-bei-tieren.de, Hinweis: hier gibt es auch eine spezielle Seite für Pferde.

KRÄUTER UND SONSTIGES

Heilkräutertee: http://www.kraeuterhaus.de
http://www.Cavialand.de – getrocknete Kräuter etc.

http://www.hasenhaus-im-odenwald.de
Blätter, Blüten, getrocknete Kräuter etc.

Apotheken/Internet-Apotheken:

(JSO Bicomplexmittel, Schüssler Salze, Bäuchleinbär-Tee, Heiltees etc.)
http://www.medpets.de
Tiermedizin, Futter, Nahrungsergänzung (u.a. das Urologist Aid und das Spot on Anti-Parasit)

http://www.fuetternundfit.de
Päppelbrei, Allrodin UTI Kn, Dimeticon etc.

http://www.zooplus.de
JR Farm Löwenzahnwurzeln, Grasbetten, Snuggle Safe

Littmann classic II infant Stethoskop:
http://www.stethoskopshop.de

Tierschutz- und Aufklärungsarbeit

PETA – eine sehr große Tierschutzorganisation, die Tierleid und Quälerei öffentlich macht!
http://www.peta.de

JUDITH PEIN –
Die Tierschutzdetektivin deckt Missstände und Tierquälerei auf.
http://www.die-tierschutzdetektivin.de

TIERSCHUTZ-Partei –
Die Lebensbedingungen für die Tiere können durch Gesetzesänderungen verbessert werden, deshalb ist Tierschutz auch Politik
http://www.tierschutzpartei.de

TIERNOTRUF e.V. Stefan Bröckling und Team –
Die Tierrettung für alle Tiere http://www.tiernotruf.de

Netzwerk für Tierfreunde –
http://www.tierfreunde-rhein-erft.de
und info@tierfreunde-rhein-erft.de

Und viele Menschen, die sich ehrenamtlich für die Tiere einsetzen und viele Menschen, die es noch machen könnten … also fange selbst an…

BÜCHER,
die bereits von der Autorin im NOEL-Verlag erschienen sind:

MEERSCHWEINCHEN
... was uns glücklich macht!

ISBN: 978-3-942802-84-0
Preis: 14,90 €
Seiten: 133 mit über 50 Farbfotos
Hardcoverbuch mit Lesebändchen

Meerschweinchen ... was uns glücklich macht!
Tierschutz beginnt bereits im Kindesalter. Das Verständnis für, sowie der Respekt vor einem Tier sollte gefördert werden. Tiere sind wertvolle Lebewesen mit Bedürfnissen – genau wie wir.
Dieses bezaubernde Buch wurde aus der Sicht einer über 10 Jahre alten Meerschweinchen-Dame, namens **‚Lady Cindy'**, geschrieben.
Sie ist die **‚Botschafterin der Meerschweinchen'** und erzählt, was sich die Meerschweinchen vom Leben bei ihren Menschen wünschen, um glücklich zu sein, und dass es ihnen somit in der Zukunft besser bei den Menschen geht.

Ein **LERNBUCH** über Haltung, Ernährung und Gesunderhaltung für Kinder/Jugendliche und junggebliebene Erwachsene.

Hinter jedem Kapitel befindet sich ein Lernteil mit Fragen über das Gelesene.

TIERISCHE GEFÄHRTEN
Lernbuch zur Tierkommunikation

ISBN: 978-3-942802-88-8
Preis: 14,90 €
Seiten: 154 mit vielen Farbfotos
Hardcoverbuch mit Lesebändchen

Ich spreche intuitiv mit Tieren – Tierkommunikation (Abkürzung: TK, Gerne erläutere ich Ihnen näher, was Tierkommunikation ist.

Tierkommunikation, das heißt: Es findet eine Verständigung per Gedankenaustausch, auch Telepathie genannt, statt. Die Telepathie steht in engem Zusammenhang mit der Empathie, das ist das Einfühlungsvermögen, so entsteht die intuitive Tierkommunikation.
Als Kind, ohne Sprache, beherrschen wir es ohne es gelernt zu haben, es ist eine natürliche Informationsübertragung. Betrachten Sie kleine Kinder ohne Sprache, die mit Tieren zusammenleben. Es ist in jedem Menschen fest verankert.
Wohingegen die Tiere sich durch Laute, Körpersprache, aber immer auch intuitiv untereinander verständigen.
Wir Menschen verlernen es meist mit dem Erlernen der Sprache, aber diese Fähigkeit ist nur ‚schlafen gelegt'. Man bezeichnet es auch als ‚erschlafften Muskel', mit dem richtigen Training ist es durchaus wiederzuerwecken.

Die intuitive Tierkommunikation ist weder von Raum noch von Zeit abhängig, das heißt, selbst wenn Mensch und Tier nicht im selben Raum sind, kann intuitiv kommuniziert werden. Es ist auch nicht notwendig, das Tier oder den Halter persönlich in seinem Umfeld zu kennen, Entfernung spielt keine Rolle.

Jeder hat dieses Erlebnis schon gehabt. Sie denken ganz fest an einen Menschen. Da klingelt das Telefon und dieser Mensch ist in der Leitung,

so können Sie sich die Tierkommunikation vorstellen. Sie verbinden sich intuitiv mit ihrem Tier, ist das Tier online, wird es Ihnen antworten.
Hierbei sind viele Übertragungen möglich, Gerüche, Bilder, Bildausschnitte von der Umgebung, emotionale Eindrücke, wie Freude, Schmerzen, Angst etc., auch Geschmackseindrücke sind möglich.
Selbst Sätze aus Gesprächen oder Namen und das Aussehen von Personen können übermittelt werden.
Voraussetzung ist, dass man sein Herz öffnet, seinen Geist mit Meditation zur Ruhe bringt, also innere Ruhe bekommt, seinen Kopf von sämtlichen Gedanken leert (Einkaufszettel, Probleme, Erledigungen etc.) und sich für die TK öffnet. Das Bauchgefühl und das Einfühlungsvermögen, das Vertrauen zu sich selbst und das Vertrauen und die Liebe zu den Tieren sind ebenfalls die Basis.

Haben wir diese Fähigkeit wieder geweckt, möchte sie keiner missen. Sie stehen nun mit Ihrem Tier in Kontakt, somit können viele Missverständnisse aus dem Weg geräumt werden.

Die Tiere warten nur darauf, dass sich die Menschen für sie öffnen. Sie haben uns so viel mitzuteilen. Wenn der Mensch dazu bereit ist, sind die Tiere wertvolle Begleiter im Leben.

In vielen Fällen sind es einfache Missverständnisse, die durch die TK aus dem Weg geräumt werden können. Allein, dass der Mensch die Sichtweise seines Tieres versteht, bedeutet fast immer Veränderungen.

Die Tierkommunikation ersetzt keine Diagnose/Behandlung vom Tierarzt oder Tierheilpraktiker, kann aber wichtigen Aufschluss darüber geben, was dem Tier fehlt.

Wer sein Herz öffnet, sprich, Tiere aus tiefem Herzen liebt, ihnen dies auch zeigt, wer seine Zweifel und Grenzen beiseiteschiebt, wer sich und den Tieren vertraut, sich mit den Tieren und Natur auf eine Ebene begibt, dem werden ungeahnte Türen geöffnet.

Die Tierkommunikation besteht aus den Elementen Telepathie (Gedankenübertragung) und der Empathie (dem Einfühlungsvermögen). Die Grundlagen sind hierzu: Wertungsfreiheit, Zuhören, Konzentration und Abschalten können.

JETTE …
eine Hündin beißt sich durch –
Band I
ISBN: 978-3-942802-44-4
Preis: 14,90 €
Seiten: 195 mit Farbfotos
Hardcoverbuch mit Lesebändchen

Spitz-Mischlingshündin Jette erzählt wo sie geboren wurde, was sie als Welpe erleben und erleiden musste.

JETTE …
und das andere Ende der Leine
Band II
ISBN: 978-3-95493-0388
Preis: 14,90 €
Seiten: 100 mit Farbfotos
Hardcoverbuch mit Lesebändchen

Humorvoll und etwas süffisant schildern Hündin Jette und Ihr Frauchen ihr nicht ganz einfaches „Zusammenleben“, denn jeder der beiden hat andere Erwartungen und Vorstellungen.
Jette ist eine 14 Jahre alte Hündin, schwierig und sehr charakterstark, mit einem Vorleben, das ihr lieber erspart geblieben wäre – sie aber letztendlich geprägt hat.

Viele Situationen werden von Jette „kommentiert“, aber auch vom anderen Ende der Leine, „ihrem Frauchen“, mit einem Lächeln auf den Lippen bedacht.
Ob sich bei diesen Erzählungen nicht so mancher Hundebesitzer wiedererkennt?

Meeri Geflüster I –
was Tiere uns zu sagen haben –
Tierkommunikation
ISBN: 978-3-940209-68-9
Preis: 14,90
Seiten: 363 mit Farbfotos
Taschenbuch

Meeri Geflüster II –
Tiere schützen ...
mit Tieren leben und kommunizieren –Tierkommunikation
ISBN: 978-3-940209-69-6
Preis: 14,90 €
Seiten: 399 mit Farbfotos
Taschenbuch

Tiere leiten und begleiten uns, ohne danach zu fragen, ob wir arbeitslos, behindert sind oder sonstige Makel haben.
Lassen wir die Tiere doch auch im Alter und bei Krankheit nicht im Stich. Jedes Tier hat seine Lebensberechtigung auf der Erde – respektieren wir diese. Einblicke in ein Meerschweinchen-Rudel mit der Rettung von Meerschweinchen, den Problemen innerhalb des Rudels, Krankheit, dem Sterben und dem Loslassen. Was wir Menschen mittels der Tierkommunikation von den Tieren erfahren und lernen können.